中国的城市群

——时空过程及作用机理

郑艳婷◇著

图书在版编目（CIP）数据

中国的城市群——时空过程及作用机理／郑艳婷著． -- 北京：经济日报出版社，2019.3

ISBN 978 - 7 - 5196 - 0513 - 1

Ⅰ．①全… Ⅱ．①郑… Ⅲ．①城市空间－空间规划－研究 Ⅳ．①TU984.11

中国版本图书馆 CIP 数据核字（2019）第 059145 号

中国的城市群——时空过程及作用机理

作　　者	郑艳婷
责任编辑	林　珏
出版发行	经济日报出版社
社　　址	北京市西城区白纸坊东街 2 号 A 座综合楼 710
邮政编码	100054
电　　话	010 - 63567684（总编室）
	010 - 63538621　63567692（发行部）
网　　址	www.edpbook.com.cn
E - mail	edpbook@sina.com
印　　刷	北京建宏印刷有限公司
开　　本	710 × 1000 毫米　1/16
印　　张	9.25
字　　数	140 千字
版　　次	2019 年 3 月第一版
印　　次	2019 年 3 月第一次印刷
书　　号	ISBN 978 - 7 - 5196 - 0513 - 1
定　　价	38.00 元

　　本书是在国家自然科学基金项目"全球化对我国巨型城市区域的空间重塑及其作用机理研究"（41001094）资助完成的，本书也受到国家重点研发计划课题"大都市区重大自然灾害损失与社会影响评估技术"（2017YFC1503002）资助，本书还受到城市绿色发展战略研究北京市重点实验室的资助，特此鸣谢。

前　言

本书的研究始于 2001 年，彼时笔者正读研究生二年级，跟随中科院地理所的导师团队去东莞等地调研考察，满眼所见，东莞的 28 条村到处都是工厂，农地快速转化，农民全部转化为非农就业，大量外来人口进入。在老师们的指导帮助下，以东莞为案例，笔者于《地理研究》发表第一篇论文"试论半城市化现象及其特征——以广东省东莞市为例"，目前文章知网统计被引次数 166 次。

2003 年，笔者有幸进入香港大学继续攻读博士，得以从全世界的文献里寻找这些现象的理论根源，也得以用更全面的数据从全国的角度来考察这些地区发生的变化。根据国内外文献理论，也根据自己对全国人口普查数据以及遥感土地利用数据的仔细比对，发现长三角、珠三角在大区域范围内呈现独特的发展模式，可总结为四大特征：（1）人口和经济活动的区域性集聚；（2）各要素在内部呈现分散化发展模式；（3）所有特征围绕中心城市符合距离衰减规律；（4）其形成由外资外贸的驱动为主。总结起来一句话：外资驱动下的向心的分散性区域集聚。这些特征使得两大三角洲独一无二，至今依然如此。

2008 年，笔者有幸在北京师范大学经济与资源管理研究院就业。感谢师大给予的自由探索空间，使笔者得以在这个方向上一直坚持。同学们上课时一双双求知的眼睛，听到这个话题时他们全神贯注的神情以及给予的反馈，都一直激励着我，告诉我这是一个有趣的论题，也是很多人不了解并乐于了解的论题。教学生涯中长年累月的宣讲，触发了更进一步的思考，使笔者对这个论题理解日益加深，受益匪浅。

2011 年，笔者有幸在城市群研究课题方面获得了国家自然科学基金青年基金的资助，更加深了笔者继续探索的信心。然而，随着探索深入，全国各地逐渐兴起了城市群热，各种城市群规划、研究层出不穷，各级政府更是以前所未有的热情关注着这一现象。

随着研究的深入，笔者的迷惑却越来越深。为什么夜间灯光图、人口迁移图、城乡建设用地图所反映的这一类型区域在全国只有三个，而各地的城市群建设规划却多如潮涌？在没想清楚这个问题之前，我始终不敢将书付梓，书稿一拖再拖。

直到2016年，笔者偶然间收获了全国企业数据库，并用GIS方法展示企业的空间分布模式，结合之前的人口普查数据、土地利用遥感数据，分别对1990年、2000年、2010年的模式对比思考过后，才明白些许。

三大城市群之外的其他地区的经济在发展，地区的经济结构、劳动力的就业结构都在发生着转化，然而，他们没有在中心周围形成大规模的发展，包括山东、福建，包括中部的湖南、湖北等地。这些地区中有一部分人口密集、地形地势良好、经济发展基础好的地域，拥有较好的发展条件，但是区域本身所处的区位、中心城市的国际影响力，均未使其被外向型经济活动选择作为全球性生产平台，因而，外向型经济活动并未大规模集聚，从而无法吸引更多的人口和其他生产要素进入，也就无法形成超大规模的巨型城市区域。

另外，作为外向型生产平台，长三角和珠三角需要与国际生产网络密切联系，并参与激烈的国际竞争，面对来自国际的不确定性，所以需要尽可能地接近国际化的中心城市。而内陆地区的"城市群"，主要由内生动力推动形成，并不需要集中在中心城市周围来应对全球竞争的不确定性。由此可见，沿海、内陆地区城市群的形成发展条件并不一样，那么，它们的地理模式如何相同？

更重要的是，如今的内陆地区城市群，很大程度上是沿海地区转移产业的承接地。这些转移产业因为沿海高昂的劳动力成本、土地成本而进行转移，因而进入内地进行选址时，更多地会考虑降低土地和劳动力成本。所以，在空间上，他们更倾向于选择分散在内陆省份的各区县，从而更加充分利用当地廉价的劳动力和土地资源，而不是集中在某个大城市附近。因为在大城市附近集聚会带来土地成本升高，而在大城市周围集聚同时要求劳动力进行迁移，又会增加用人成本。这些论点已在团队最新的研究中得到了证明（郑艳婷，2018a，b）。

当然，正如城市的概念一样，城市群概念也有实体地域、功能地域和行政地域之分。当各方从不同的出发点进行界定时，标准不同，界定的结果自然迥异。

所以，本文定义城市群为发生了区域性集聚的区域，或者发生了区域性城市化的区域，主要的动力是外资进入后大规模集聚的力量。但并不否认的是，其他有条件的区域也正发生着经济增长、结构转化。但是对于大部分其他地区，人口并未进入原乡村地域集聚。正如长株潭地区、武汉地区，他们除了中心城市之外，其他市县的人口大多进入了主要地级市中心和县城或镇，而不是其他乡村地区。所以，这在本质上与长三角、珠三角形成了典型的区别。

正如国际著名的研究世界城市网络机构的 Loughborough University 研究世界 Mega-region 的 John Harrison 所言，世界上大部分的巨型区域研究虽然认为功能联系很重要，但是大部分研究者或者政策制定者，都仓促地为城市区域进行界定，并未真正考虑其功能联系。到底如何界定功能，仍然是个未知数。所以，很多城市群并不是真正意义上的城市群，而是行政意义上的，甚至是人们印象中的城市群。

看到国外文献中如此，我心甚慰。原来国际上对这个概念的争议也是如此，跟国内应用上遇到的问题如出一辙。

中国幅员辽阔，多样化的风土人情造就了丰富的区域发展模式和城镇化模式，谁又敢试图用一个小小的概念来概括960万平方公里内发生的最为异彩纷呈的盛事呢？笔者经历了将近20年的磨砺和不倦思考，今日鼓足勇气将书付梓，唯愿有益于目下城市群的学术研究和政策应用，也希望有兴趣的同学们读到能够更容易理解城市地理学这个非常有魅力的学科。

本书成稿过程中，得到了来自很多方面的支持和鼓励。感谢我的硕士导师陈田研究员20年前种下的种子，如今它依然不屈不挠的生长着，深深感谢！感谢蔡建明、刘盛和研究员毫无保留、孜孜不倦的教诲，他们的鼓励教诲与支持终身铭记。感谢博士导师香港大学已退休的薛凤旋教授，引领笔者踏入世界城市研究的大门。里面异彩纷呈，至今懵懵懂懂，笔者会继续努力，不忘初心。

感谢北京师范大学经济与资源管理研究院的领导们的关爱与支持，包括我国著名的经济学家名誉院长李晓西教授、毅然弃政从学的关成华院长、著名的扶贫专家张琦书记，还有城市绿色发展科技战略研究北京市重点实验室的执行主任陈浩教授，感谢经资院的同事们。经资院安静而向上的环境包容了我，耐心地等待着我成长，由衷地表示深深的谢意。

感谢成书过程中交流过的国内外学者同仁们，包括 Allan Scott 教授、Terry McGee 教授、David Meyer 教授、香港大学的林初升教授、中科院院士陆大道先生、刘卫东研究员、刘彦随研究员以及方创琳研究员、张文忠研究员，以及北师大的胡必亮教授、涂勤教授、潘浩然教授、颜振军教授、张生玲教授、韩晶教授、林永生副教授等同事。

感谢我的学生们，包括马金英、黎亚萌、王韶菲、赵赛、王琳娟、许婉婷、杨慧丹同学。其中马金英帮助整理了第六次人口普查的数据，黎亚萌做了长三角的数据更新，王韶菲整理了全国企业数据库，赵赛整理全国人口数据进行了土地利用数据的分析，也感谢王琳娟同学进行分散指数的计算。尤其要指出的是，本书第三章的数据更新和处理以及作图等工作由赵赛同学协助完成，本书第一章的文献整理以及全书的格式排版工作由许婉婷同学协助完成，第四章的数据更新和处理由杨慧丹同学协助完成，在此一并感谢。

也感谢历届的同学们，这里不能历数。

感谢家人，你们是我前进的永远动力。

感谢身边的天地万物，一草一木，一桌一椅，养育、陪伴和遇到的一切，感谢这一切可以让笔者在这天地间自由地追求喜欢做的事，唯有感谢！

郑艳婷

2019 年 1 月 22 日

于北京，北师大后主楼 1730 室

目　录

CONTENTS

绪　论

经济全球化背景下，经济活动超越国界在全球分散分布的同时，主要生产、生活活动向着世界主要的城市区域集聚。根据联合国报告（2015），在 1970-2015 年期间，全世界超千万人口的城市集聚体[①]从 3 个增加到了 28 个，其在整个城市体系中的比重迅速增长，从 4% 增加到 12%。预计到 2030 年，这一比重将继续扩大。这些密集的城市集群是经济增长的主要发生地，世界城市化近 40 年的经验表明，城市群是增长最快、最具活力的城市地域类型，在国内外政治、经济、文化舞台上发挥着至关重要的作用。

40 年的改革开放，我国城镇化发展迅猛而卓有成效，城镇化水平已超过 50%，普遍认为，我国已经进入加速城镇化阶段。在当前的国内外背景下，城镇化更被认为是我国向内需型结构转化的重要战略引擎，因而引起了国内外学界、政府部门的广泛关注。然而未来的城镇化战略实施的重点区域应该在哪里？必须针对这个问题，进行科学考察和严谨推理，才能做到有的放矢，制定出行之有效、针对性强的政策措施。

一、城市群在世界城市体系中的重要性

1. 世界城市体系中增长最快的城市地域类型

根据联合国报告，1970-2011 年期间，世界城市人口翻了一番，从 13

[①]　在国际上，城市集聚体 / 城市群的范围很难去清晰判定，一般以 1000 万以上的超大城市来判断城市群区域的出现（Scott，2001）。本文中，巨型城市区域、城市群、城市集聚体等概念，泛指这一大型城市群区域，但为了与国内概念体系衔接，主要使用"城市群"一词。

1

亿增加到 36 亿。其中发展中国家的城市人口则增长了将近 3 倍，从 7 亿增加到 27 亿。这些城市人口主要增长在哪种规模的城市？

1970–2011 年期间，100 万–500 万的大城市吸引了全世界 5.3 亿新增城市人口，其中发展中国家占了 4.5 亿。表现最为突出的城市地域类型是 1000 万人口以上的超大城市。1970 年，超大城市只有纽约和东京两个城市，只有 3900 万人。2011 年，全世界拥有 1000 万人以上的城市增加到 23 个，吸纳全世界 3.6 亿城市人口，其中发展中国家占 2.6 亿。从占世界城市人口的比重来看，千万人口的超大城市的比重增加最为明显，1970–2011 年增加 7 个百分点。而除 100 万–500 万人口的大城市的占比增加 3.3 个百分点之外，其他规模的城市地域类型占比都在缩减。发达国家同样符合这样的规律，千万人口超巨城市增加 5 个百分点，100 万–500 万人口的大城市增加 3.2 个百分点。在发展中国家，超巨城市增加 9.5 个百分点，而 100 万–500 万人口的大城市增加 3.6 个百分点。联合国针对 2025 年城市人口的分布预测显示，千万人口以上的巨型城市（占比增加 3.7%）和 100 万–500 万人口大城市（占比增加 3%）仍然是未来 15 年城市人口聚集的主要城市地域类型。

2. 全球生产的重要节点，参与经济全球化的主要空间单元

从国家层面来看，这些重要的城市群是乡村人口转化的重要接纳体（container），它们不仅人口规模庞大，空间范围广阔（多数大于传统都市区的范围），而且在国内外政治、经济、文化舞台上担当着重要的角色，是连接全球生产消费网络的重要节点（McGee，1999；胡序威等，2000；姚士谋等，2001）。

在过去 40 年的经济全球化过程中，城市群发挥着重要的节点作用，是全球竞争的主要单元，对全球、对国家、对区域的经济、政治、文化拥有着巨大的影响力。城市群并不占据世界最多的人口，面积更加之小，但它们却是世界上经济、政治活动最为密集的地域，是经济增长的主要发生地。例如在美国，40% 的就业集中在 1.5% 的土地上；在泰国，37.1% 的 GDP 都集中在仅占全国总面积 1.5% 的曼谷区域，相应区域的工业增加值比重更高达 76.8%。近年来，巨型城市区域的集聚趋势仍在持续（Kim，

2002）。除了传统意义上能够使得企业共同享受优良的基础设施条件、方便建立前后向的联系、便于接近地方劳动力市场之外，世界各地这一波新的集聚趋势还有助于企业应对复杂的全球性市场动态和不确定性，降低交易成本；另外，不管是制造业还是服务业企业，都需要集聚向主要节点，来方便与其合作者进行面对面的交流，以便在复杂多变的商业关系中，对潜在的合作者进行判断，建立互信关系（Scott, 2001；Hall, 2001；Scott and Storper, 2003）。因而，正是经济全球化的开放性和竞争性使得集聚成为必需，使得城市群成为这一集聚过程中最为引人注目的形式。

城市群已经成为参与经济全球化的主要空间单元，在世界政治舞台上担当着特殊的角色，它的中心城市担当着门户城市（Gateway City）的作用（Short et al., 2000），是各种"流"的汇集地，连接区域和世界的节点及经济体系的控制中心，也往往是世界城市（World Cities）（Hall, 1966；Friedmann, 1986）或全球城市（Global Cities, Sassen, 1991；2001）。正如新区域主义论者所言，经济全球化和信息技术的应用，非但没有使得地理空间的作用消亡，反倒加强了它以城市区域的形式参与各项活动的作用（Storper, 1997；Scott and Storper, 2003）。

3. 内部资源环境矛盾异常突出，可持续发展挑战巨大

对于城市群本身而言，它是一个蕴含着多元文化的复杂系统，区域内部社会问题突出，区域的超大规模集聚使得其内部资源约束、环境问题异常严重（Yeung, 1997, 2002；Douglass, 2000；陆大道, 2005；方创琳, 2011；顾朝林, 2011；宁越敏, 2011）。这类型区域经济外向型的特征，又使得这个区域在多变的全球经济氛围下变得异常敏感和脆弱，2008年金融危机，遭遇最严重创伤的正是这些地方。因此，城市群的经济、社会发展以及资源环境的可持续发展是地方政府、区域乃至国家共同面临的重大挑战。而世界经济的加速整合，以及大区域范围内的快速城市化过程，使得多数专家已经承认，在这些城市群内，传统的城市规划理念和政策战略已经无法适用（Soja, 2000；Simmonds and Hack, 2000；Scott et al., 2001）。作为一种新型的城市地域类型，过去的城市规划管理策略面临着巨大挑战（Simmonds and

Hack, 2000; Scott et al., 2001; Soja, 2000, 2014), 我们必须及时更新城市群的空间重构过程及机理, 来为规划管理服务。

二、新时期我国城市群研究的迫切意义

1. 我国未来城市化的主力地区、重要接纳体和核心竞争区域

我国是世界上城市人口最多的国家, 截至 2014 年, 城市人口达到 7.5 亿人, 占全世界城市人口的 20%。但是与欧美发达国家相比, 我国的城市化水平仍然不高 (2014 年为 54.77%)。根据最新预测, 到 2050 年, 我国将再有 3 亿农民进入城市 (United Nations, 2015)。这些人口将进入哪一种城市地域类型是社会各界关心的重要问题。作为过去 40 多年间表现最为突出的城市地域类型, 城市群被认为是城市人口最重要的接纳体 (Container) 之一。我国的城市群也是国家和地区经济发展最核心的地域, 是国际竞争力的体现, 也是地区参与区域竞争的核心地域。

2. 迫切需要审视国内外形势变化对我国城市群空间重构的影响

新自由主义思潮引领下的经济全球化塑造了过去 40 年的世界格局, 形成了若干个全球城市、世界城市以及全球城市区域 / 城市群 (Scott, 2001; Dicken, 2015)。然而, 2000 年以来, 世界贫富差距扩大、环境污染、资源消耗等问题日益突出, 金融市场的新自由主义管制方式直接导致了 2008 年的国际金融危机。人们开始意识到, 新自由主义仅仅是对资本保持最大的善意, 社会、环境却付出了沉重的代价。倡导完全自由竞争的华盛顿共识被质疑和否定, 世界范围正在寻找新的经济运行规则, 来保证社会、经济、环境多方面的持续发展 (Dicken, 2015; 朱云汉, 2015), 经济全球化进入了新的发展阶段 (Dicken, 2015; 龙永图等, 2015; 朱云汉, 2015; 刘卫东, 2015)。在这一新阶段, 中国已经成为世界格局的主要塑造者, 发挥重要的主导作用 (刘卫东, 2015; 朱云汉, 2015)。随着 "一带一路" 战略的实施, 中国 "走出去" 正在成为全球化深入发展的新特征。2015 年, 我国累计实现对外投资 1180 亿美元, 连续 13 年增长, 年均增幅 33.6%, 与实

际利用外资额（1262.7 亿美元）几乎持平，已经成为实际上的资本净输出国。在全球化新阶段，我国由过去的投资东道国变为"母国"，而作为"母国"的重要节点区域，城市群如何重构值得我们关注。

1998 年的亚洲金融危机，尤其是 2008 年的国际金融危机以来，我国政府已经逐步认识到出口导向战略的局限性，因而逐渐转向以内需为主导的战略。2010 年，我国政府更将内需战略作为独立章节写进"十二五"规划，扩大内需由短期的经济政策上升为一项长期的战略任务。目前，我国中等收入人群达 3 亿之多，内需的释放潜力巨大。2015 年，全年最终消费支出对国内生产总值增长的贡献率高达 66.4%。出口导向经济对过去 30 多年我国的城市群空间格局起了重要的塑造作用（Zheng，2009），而在扩大内需战略实施过程中，城市群仍将是一个重要平台（潘家华、魏后凯，2010）。另外，我国国内经济发展进入新常态，持续了 30 多年的"人口红利"逐渐消失，劳动力成本迅速上升，沿海城市群的一些劳动密集型产业正在失去竞争优势，产业转移正向一些内陆城市群进行（刘红光等，2011，2014）。内需为主的战略以及经济的新常态如何影响我国城市群的空间重构，都是需要我们去考察的问题。

3. 城市群的概念不统一，界定不一致，制约了规划管理

2014 年，国务院批准《国家新型城镇化规划（2014–2020）》，提出将城市群作为中国推动新型城镇化的主体形态。2015 年底的中央城市工作会议明确提出，要在中西部地区培育发展一批城市群。城市群史无前例地受到政府、学术界的广泛关注。

早在 20 世纪 80 年代，我国的学者们就已经关注到了这种大型城市地域类型的出现，并围绕其概念、特征、界定等做了持续而大量的研究工作（董黎明，1989；Zhou，1991；崔功豪，1992；姚士谋，1992；孙一飞，1995；Sit and Yang，1997；阎小培等，1997；Yeung，1997；齐康等，1997；姚士谋等，1992，1998，2001；吴启焰，1999；胡序威等，2000；Lin，2001；顾朝林等，2000，2001，2002，2011；薛凤旋等，2003，2005；宁越敏等，1998，2007，2011；倪鹏飞，2008；方创琳等，2005，2011；黄金川等，2015；高晓路等，2015）。然而，直至今日社会各界对城市群的概念仍

未达成统一意见（高晓路等，2015），命名也各不相同，主要有城市群、大都市连绵区、都市带、都市圈、城市密集区等不同概念。对该类型区的界定结果也不尽一致，有 6 个超大城市群和 7 个城镇密集地区（姚士谋等，2001）、三大城市群（zheng et al. 2009）、13 大城市群（宁越敏，2011）、5+9+6 城市群空间格局（方创琳等，2011）等诸多判断。概念和界定结果的不一致制约了理论发展，理论上对城市群形成的动力机制的系统研究相对较少。这些理论上的争议导致某些地区一厢情愿地构建城市群（刘玉亭等，2013），而有些城市群的规划建设则演变成了变相的圈地造城（方创琳等，2011），制约了城市群的规划管理实践。

三、本书的研究内容和结构

本书通过梳理城市群的国内外相关研究，旨在厘清城市群的基本概念，总结城市群的发展特征。本书针对性地设计了判别指标体系，在全国范围内分别针对 2000 年前后对我国城市群的形成及空间结构进行了详细刻画。随后针对沿海和内陆典型案例城市群，分析城市群的特征，并运用数学模型分析其动力机制。时间跨度上主要针对 1982-1990 年、1990-2000 年、2000-2010 年 3 个 10 年进行比较分析。

本研究试从空间的角度出发，将城市群理解为"区域性城市化"过程，通过刻画人口的城市化过程，来指认城市群的空间形成及其演变。在空间分析的基础上，结合案例，深入剖析全球化新时期城市群内部城乡转型以及空间集聚和分散发展的动力机制，为探索既有城市群的可持续发展模式和培育新兴城市群提供政策依据，并在学术上丰富和发展城市化理论。

本书共分为七章。第一章为详细回顾和总结当前国内外关于城市群研究的理论和文献；在文献回顾的基础上，第二章总结归纳出我国城市群的概念和特征及其判别指标体系；第三章分析比较了我国城市群在 2000 年前后的空间重构过程及格局；第四章针对沿海两大城市群，即珠江三角洲和长江三角洲，详细刻画其经济、人口等要素的空间演化格局及其机理；第五章选取内陆地区城市群，长株潭地区为案例，描述其发展的新特征及其动力机制；第六章以另一内陆城市群为例，分析其发展特征及机理，并与沿海地区进行对比；第七章根据我国城市群最新的空间分布格局，提出城市群空间布局规划建议。根据典型城市群的动力机制，为已有成熟城市群的空间规划管理提供政策建议，为新城市群的培育提供合理化建议。

第一章　城市群相关国内外
研究综述

20 世纪 70 年代以来，伴随着新的交通通讯技术的发展和经济活动的全球分散，全球性的生产活动大量集聚在主要港口城市周围。这些城市迅速扩张，超越了都市区（Metropolitan Area）的界线，甚至达到了 150 公里的范围，巨型城市区域（Mega-Urban Regions, MURs）大量兴起。更加引人注目的是，在这些巨大的城市区域范围内，城市和乡村的界线越来越模糊，以至于大家认为应该重新定义城市（Soja, 2000, 2014; Simmonds and Hack, 2000）。而且随着科技的进步和社会组织的发展，巨型城市区域的地理特征、经济和空间功能、空间组成单元之间的关系、形成过程以及背后的驱动力都在发展和演化。自 20 世纪 80 年代以来，广泛使用的远程通信、产业重组和经济全球化恰巧与新型巨型城市区域的快速出现同时发生。这促使人们更多地去探索巨型城市区域与国际化和新信息技术的相互依存关系。

中国的城市区域更加引人瞩目，他们的地理范围更大、涉及的人口更多且更为密集，而且经济更有活力、变化更为快速剧烈，随之而来的资源环境方面的约束和挑战也更加之大。

一、城市群形成发展的国内外相关研究

城市集聚现象作为人口集中的一种形式出现并不是新鲜事物。"Megalopolis"就是最早的证明。城市区域本身也不是一个新的概念，不是全球化以来的新事物。作为人类历史上最大规模的聚落形态，城市区域一直吸引着众多学者的关注。许多学者对于不同时期巨型城市区域的空间模式及其形成机理，结合当时当地的情况进行了详尽的描述和解释。

1. 早期的城市群——集合城市与大都市带

早在 1910 年，Geddes 就发现大伦敦地区出现了大面积的人口集聚现

象，并称其为集合城市（Connurbation）。他发现主要交通线路的发展加速了城乡流动，从而使得城市聚集区形成并且发展。当时，西方国家对于城市人口增长和集中的研究主要聚焦在大规模城市集聚区的增长及其引发的问题上（Geddes，1915），而对它的形成机理未作探讨。学者们普遍认为，大伦敦地区更应当被看作是一个以伦敦为中心的大都市区。

1961 年，戈特曼研究了美国东北海岸的城市化现象，发现从南新罕布什尔州的系尔斯布鲁到弗吉尼亚州的菲尔法克斯之间有一个连续的城市、半城市化地区的蔓延带，他将之命名为大都市带（Megalopolis）。从空间形态上看，大都市带是高度密集的多核心星云状结构；在空间组织上，它是由多个都市区有机组成的马赛克结构。它的形成机理为：在形成伊始，中心城市只为它们的周边或腹地服务，随着发展向外蔓延，主要核心城市之间的竞争愈演愈烈，这些城市的功能开始向专业化方向发展，而专业化使得它们互相依赖，竞争又使它们不断扩展，最终在地理上重合在了一起，功能上无法分割，从而形成人类历史上最为瞩目的大都市带。在戈特曼的理论中，大都市带形成于封闭的经济体，主要受都市区之间的内部竞争驱动。

2. 亚洲的巨型城市区域——Desakota 和大城市扩展区

20 世纪 80 年代末，麦吉在亚洲也发现了密集的大型人口集聚区域。但是，发达国家的都市区之间的区域人口稀少，主要为林草地和休闲用地，发展主要依靠中心城市的辐射力量以及向外扩张作用所带来的地理上的连续。而亚洲的巨型城市区域中间地带人口稠密，往往是富裕的稻米产区，剩余劳动力和剩余资本的积累使得非农活动就地兴起，而同时农业活动也未被放弃，因而，当地在就业、土地利用等方面存在着半农半乡的特征，并称之为 desakota（desa 即农村，kota 即城市）（McGee，1989，1991，1995，1997，1999）。当时，这一研究结果引起了极大的关注，被认为是不同于西方的新型城乡转化形式，但其动力解释则被批评为偶然性因素的把握。麦吉似乎将大规模集聚兴起的原因归结为历史、地理和生态要素。

在某种程度上，这的确丰富了城市化理论，工业化抑或非农发展并非必须像 19 世纪的工业化时期一样集聚向城市。但在具体应用上，麦吉对于 desakota 特征的描述使得这一概念容易与普通的城市周边或者半城市化地区混淆，也没有明确的判断标准（Zheng et al.，2009），这直接导致了后来很多巨型城市区域研究局限于在半城市化地区来寻求动力解释如 Lin（1997）和 Wang（1997）。随后，麦吉将关注点转移到了巨型城市区域，以此回应人们的批评。他认为城市区域已经超越了大都市区的官方定义和统计定义，由三部分组成：城市核心区、大都市区和大城市扩展区（McGee，1999）。

3. 当今发达国家的城市群——全球城市区域

发达国家巨型城市区域的相关理论早已更新，认为就空间形成过程而言，经历了 19 世纪末大规模的"去工业化"、郊区性扩散，现在城市区域的形成得益于高科技专业性生产活动向着原郊区节点重新集聚的再工业化的过程，因而，如果前一个过程称之为大规模郊区化的话，那么，现今的过程则是大规模区域性再城市化（Soja，2000，2014）。全球城市区域是在经济向着高端服务业转型的过程中所形成的、空间上不连续而功能上有着密切的网络联系的城市区域（Hall and Pain，2006）。斯科特（Scott，2001）将这种新的大规模的 / 多中心的城市区域称为全球城市区域，他认为全球城市区域作为全球化的副产物是在当今新一轮全球化和经济结构调整的时代里最重要的地理、经济和制度空间单位。这些全球城市区域正在迅猛发展和扩张，其中一些杰出的城市区域已经成为世界级的指挥控制节点，它们的核心便是世界城市或者全球城市（Hall，1966；Friedmann，1986；Sassen，1991；Scott，2001）。斯科特等（2001）还认为这些全球城市区域是后福特主义经济（如柔性制造和高端服务）的区域平台，同时是跨国公司经营的重要中转站。全球城市区域在超越其政治边界和逐渐摆脱制度监管的同时，依靠密集化和多元化且嵌入到全球分销网络之中的城市环境而繁荣起来。从制度方面来看，对于一些迄今仍分开管理的邻近区域单位，它们已在某种程度上对集体行为与身份认同产生了功能性的相互依赖。这些新特点使得这些新的空间单元能够面对全球化对地方层面的挑战（Scott，2001）。

有学者甚至认为大区域集聚过程已经远远超过了作为一种城市化方式的区域性集聚，或者作为政治经济过程的结果而形成的传统意义上的区域，他们已然并列于其他生产要素而成为社会生产中的一个基本单元和重要的驱动过程（Scott and Storper，2003）。有些人甚至主张我们应该重新定义新出现的城市单元，以取代我们过去常说的"城市"（Soja，2000；Simmonds and Hack，2000）。斯科特（2001）已将欠发达国家的城市集聚体列入了全球城市区域范畴。

4. 我国的城市群

上世纪 90 年代初，我国学者就对这种大规模集聚区域做了深入研究。如姚士谋（1992）称之为城市群，从区域的角度，对我国重要的大城市区域进行了详尽的全方位描述，并将城市群（Urban Agglomerations）定义为：在特定的地域范围内具有相当数量的不同性质、类型和等级规模的城市，依托一定的自然环境条件，以一个或两个超大或特大城市作为地区经济的核心，借助于现代化的交通工具和综合运输网的通达性，以及高度发达的信息网络，发生与发展着城市个体之间的内在联系，共同构成一个相对完整的城市"综合体"。周一星（Zhou，1991）提出都市连绵区（Metropolitan Interlocking Region，MIR）概念，MIR 是以若干城市为核心，大城市与周围地区保持强烈交互作用和密切社会经济联系，沿一条或多条交通走廊分布的巨型城乡一体化区域。在随后和胡序威等（2000）的合著里，周一星补充了两个形成条件，即"存在两个或两个以上人口规模超过 100 万的大城市，都有国际大都市的特征并且至少其中一个城市对外开放水平很高"；"一个年吞吐量超过 1 亿吨的大型国际海港和国际航班次数较多的机场"。两大形成条件的提出似乎强调中心城市的核心作用及其国际性的海陆空港口才是都市连绵区形成的关键。顾朝林（2011）认为城市群是指以中心城市为核心向周围辐射构成的多个城市的集合体。在顾朝林（2011）看来，中国的"城市群"概念已经成为一个区域经济的概念，等同于"城市体系"概念。方创琳（2011）认为城市群是指在特定地域范围内，以 1 个特大城市为核心，由至少 3 个以上都市圈（区）或大城市为基本构成单元，依托发达的基础设施网络形成的空间组织紧凑、经济联系紧密并最终实现同城化和高度一体化的城市群体。纵观我国城市群的相关研究，对于城市群的理解，可以总结如下：基本以戈特曼的大都市带理论为基础，强调以中心城市为核心，由多个都市区连绵组成，内部有发达的交通通讯网络，都市区内部以及都市区之间存在密切的功能联系，被认为是工业化、城镇化发展到高级阶段的产物（胡序威等，2000；苗长虹等，2004；方创琳等，2005；周伟林，2005；宁越敏，2011；顾朝林，2011 等）。

对于城市群内部的另一个重要特征，其内部的分散性发展，我国学者也早有研究。我们知道，巨型城市区域的形成必然伴随着都市区中间地带半城半乡现象的出现。在 1991 年 desakota 概念促发的亚洲城市化会议上，我国的周一星教授认为，desakota 可以理解为我国的"农村工业化"或者"农村城市化"，并提出这一过程并不是遍在的，而只存在于少数发达地区（Zhou，1991）。当前，我国的巨型城市区域内部广泛的"原农村地区"依然参与着非农化发展，巨型城市区域内部几乎连续的"原乡村地区"参与非农发展，这种发展方式所导致的大区域性分散化发展的特征，是我国巨型城市区域所特有的，不仅区别于发达国家的城市区域，也区别于传统的都市区概念（Zheng et al.，2009）。为了在理论上清楚地对巨型城市区域和都市区进行区别，Zheng et. al（2009）认为在巨型城市区域内部，除都市区范围（即中心城市及其周边的半城市化区域）之外的"更远的原农村地区"（Remote Rural Areas）也参与着非农化发展，并针对大区域性分散化发展设计了指标进行刻画，并在全国范围内进行了验证。Zheng et. al（2009）还提出，90 年代起，我国巨型城市区域参与经济全球化过程以来，空间重组具备两大特征：（1）区域性向心集聚。根据相关研究，在巨型城市区域内，生产要素连续、密集地集聚在主要港口附近的大区域范围内，呈向心分布。各地理单元经历着快速的经济发展和经济结构转化，经济发展、城市化水平远高于周边地区。这与传统意义上邻近的都市区之间竞争、合作发展进而连绵成带的形成机理不同。进一步的研究发现，正是经济的外向性或者说全球化力量主导了这一向心性的集聚过程（见 Zheng，2009）。（2）大区域连续的分散化发展特征。城市区域空间集聚体内，各个主要城市地域单元之间的原农村地域，不同于西方大都市带中稀疏分布的休闲农业以及林业等，而是密集地混杂分布着制造业、农业等，兼具半城半乡的特征。除了组成都市区的半城市化地区之外，城市区域内部的都市区外围更为边远的原乡村地区也参与了经济发展和非农化过程（Zheng et al.，2009）。这两大空间特征对于界定巨型城市区域的形成缺一不可，然而以往的概念和研究往往片面针对某一个方面，从而导致巨型城市区域与都市区的混淆，或者片面等同于半城市化地区的研究，这无形中制约了该理论的进一步发展，也使得全球化背景下急剧发展的巨型城市区域的空间规划管理缺乏理论依据和支撑，理论远远落后于实践。一些区域内部协调方面矛盾的出现，以及城市间恶性竞争、争抢主导城市地位等方面的问题，也是缺乏理论依据的体现。这一重要特征的揭示和定量刻画是我们继续进行本研究的重要基础。

城市群的地域范围界定是进行城市群研究以及规划管理的基础，因而，在概念争议的同时，学者们近年来对城市群范围进行了大量的界定尝试（周一星，1995；代合治，1998；姚士谋，2001；方创琳等，2005；方创琳，2009；宁越敏，2011；张倩等，2011；王丽等，2013；黄金川等，2014，2015；高晓路等，2015），初步形成了从城市等级、规模、数量等地域空间，以及经济与交通联系等联系程度两方面入手界定城市群的基本指向。此外，还有学者从定量模型里开辟了界定的新方法（李震等，2006；张倩等，2011；王丽等，2013）。然而，正如定义城镇时的争议一样，作为一个新型城市地域类型，学界对城市群界定指标的具体划定争议颇大、界定方法多样，因而界定结果迥异。同时学者在多重动力机制方面进行了大量研究（孙一飞，1995；赵永革，1995；阎小培等，1997；宁越敏等，1998；顾朝林、张敏，2001；Sit，2005；薛凤旋、郑艳婷，2007）；还有张京祥、吴缚龙（2004）在管治方面也做了很多研究。这些重要的研究结果都为我国城市群的可持续发展提供了理论支持和实践基础，为他们今天的卓越成就起着保驾护航的作用。

我国城市群方面的研究非常丰富，但大多延续戈特曼的大都市带理论，经济全球化大多被当作城市群产生的背景进行介绍，而未将全球化视为其重要动力（胡序威等，2000）；或者城市群仍然被看成是传统意义上多个城市组成的城市体系（姚士谋，1991），或者都市区的地理集聚体（周一星，1991；顾朝林等，2000；胡序威等，2001）。但是全球化这种新力量如何在空间上重组我国的城市群的？作用机理怎样？这些问题依然值得我们深入探讨。这是新时期城市群面对全球性挑战、制定合理的规划管理措施，实现可持续发展的重要理论基础。

5. 小结

集合城市与大都市带是封闭经济时期的产物，集合城市可以被看作由单个城市扩张而成的大都市区；而大都市带是多个都市区通过竞争、合作机制在空间上相连的巨大地域体，因为未考虑全球化力量的作用，因而对于当今积极参与全球化的巨型城市区域的空间发展欠缺借鉴意义。麦吉准确地刻画了亚洲作为人口密度最大、城市化水平较低、大部分地区经济欠发达的州的城市化模式，然而，麦吉对其模糊的概念界定和动力机制解释，使得 desakota 概念本身常常与半城市化地区相混淆。发达国家的理论已经相当完备，经历了城市化、郊区化、逆城市化，如今进入再城市化阶段，然而发达国家的全球城市区域的概念在更大程度上依然是功能上的，而空间上并不连续，这与我国的情况有所区别。

大都市带、desakota 的提出都是源于研究者观察到了大范围的连续的城市、郊区或半城市化地区的蔓延带，全球城市区域也被认为是一个大区域性集聚。因而，给我们的城市群研究一个启示，可否观察到大范围连续的城市化现象，或区域性集聚现象，是城市群是否形成的重要标志之一。

二、城市群动力机制的国内外相关研究

1. 早期城市群动力机制研究

格迪斯认为最早的城市聚集区（Conurbation）的形成是由于主要交通线路的发展加速了城乡流动。

关于大都市带的形成机制，戈特曼是这样表述的："在形成伊始，中心城市只为它们的周边或腹地服务，随着发展向外蔓延，主要核心城市之间的竞争愈演愈烈，这些城市的功能开始向专业化方向发展，而专业化使得它们互相依赖，竞争又使它们不断扩展，最终在地理上重合在了一起。"正如戈特曼在 1957 年文章里提出的问题，"为什么历史上大城市连绵区比世界上其他城市区域发展得更快、更连续呢？"作者曾列出 40 多项不同的影响因素，发现其中最重要的两个因素是（1）多核心结构；（2）枢纽作用（Gottmann，1961）。在本研究作者看来，多核心结构，即都市区之间互相依赖、竞争以及专业化的过程；而枢纽作用指的是其承担的"发展海外关系的对外开放窗口"以及"内陆地区定居和发展的跳板的职能"，简而言之，体现的是其在世界、国家舞台上的重要性。戈特曼对于动力机制提出的第二个问题是，"为什么他们会集中在这个区域？"即为什么会集中在当时的美国东北海岸？作者的回答也有两个方面（1）大都市带是美国的主要海港城市、商贸中心和制造业活动中心所构成的一个组群；（2）"大都市带是美国经济乃至世界金融体系中决定性的一环"；（3）大都市带已经获得并保持着一种十分显著的"文化导向作用"。必须承认的是，作者提出的问题不仅仅是大都市带中各单元经济发展、城市化的动力，更是这一大型城市区域扩展的决定性因素。毫无疑问这是城市群动力机制研究最需要回答的问题。很可惜的是我国现有城市群研究很少专门就此问题进行深入探究。

对于亚洲地区独特的 desakota 现象，麦吉将其归因于历史、地理和生态要素。具体而言，通讯信息技术的发展使得工业无须像发达国家 19 世纪工业化初期一样集聚向城市，而亚洲国家相对富裕的稻米产区密集的农业人口为这一城市化模式提供了重要的农业积累和剩余劳动力。当工业发展异常迅速，城市周边不足以满足用地需求时，更远地区的农地就被利用起来进行工业生产，当地的居民往往采用简易的交通工具通勤，因而人口也未向城市集聚。但是这一动力解释被批评为是对偶然性因素的把握（Chan，1993）。

2. 全球城市区域——遍在的大规模集聚与新中心性

过去 40 年中，经济全球化塑造了世界经济。以信息技术革命为中心的高新技术迅猛发展，不仅冲破了国界，而且缩小了各国和各地的距离，使世界经济越来越融为整体，商品和服务的生产、分配和管理日益国际化。然而，学者们普遍认为，经济不会失去地方特色。资源流动不仅通过企业等级制度完成，而且深深地扎根于区域范围内（Scott and Storper，2003）。经济全球化和远程通信都为空间分散和区域集聚做出了贡献，也就是说是"全球本土化"塑造了我们的世界（Sassen，2001；Scott，2001）。

面对激烈的国际竞争和更为复杂、不确定的市场，企业往往在远程执行的同时选择空间上集聚，以此应对更高的交易成本，尤其那些小规模、非常规、信息模糊的操作成本（Scott and Storper，2003）。所以，不管是制造业，还是服务业都有着向高密度集群特别是向城市区域集中的趋势，以便在变化的商业关系中通过面对面沟通提高确定性并在正确评价潜在合作伙伴的基础上建立互信（Scott，2001；霍尔，2001；Scott and Storper，2003）。通过集聚，他们不仅可以共享资金密集型基础设施、提高建立前向和后向联系的便捷性、在多个工作区周围形成当地密集的劳动力市场，而且更重要的是，能够促进增强学习和创新效应的本地化关系资产的形成（Scott and Storper，2003）。因而，这种新的集聚体既不等同于传统区域的深度政治经济过程的结果，也不等同于城市化这种简单的人口现象，更被认为是社会生活中的一种基本单元和作用过程，国家经济的成功与否与这种动态的创造性集聚有关（Scott and Storper，2003）。它们的文化和制度资产催生了某些经济行为惯例的形成，这些惯例强化并塑造了生产、创业和创新等活动，惯例是经济行为者之间相互依赖的非贸易形式，共同构成地方经济的关系资产，而这种关系资产不能随意地从一地复制到另一地，这些资产将最终决定一个地区的表现和潜在竞争力。

在微观层面上，出现了一种新的区域集中形式——顶级管理和控制操作职能，即顶级的跨国公司总部职能和先进的生产性服务的区域集中。这种主要功能的集中被认为是经济活动全球化分散分布、日益复杂的必然要求。根据萨森所说，生产性服务并不是主要依靠邻近消费者而是通过邻近其他服务获益，特别是邻近专业化公司广泛分布的地方。他们通常有比其他行业更高的竞价区位中心的能力，因此他们的发展是国际中心和区域中心崛起的原因之一（Sassen，1991，2001）。而且只有在城市才能集中一些非常重要的资源，不仅包括信息技术基础设施，也包括技术发展的最新水平、人力资源以及社交网络，这些重要资源可以使得全球连接最大化。这些重要资源对于非标准化信息的收集非常重要，而这些信息只能通过亲自面对面解释、评估和判断来获得。所以，信息技术的基础设施和应用呈现出一种高度集中，尤其在主要城市中心集中的趋势。在较小的地理尺度上，对于较低程度的复杂性活动，也需要集中化服务。对于不需要考虑全球复杂性的面向区域的公司，可能仍然要面对依赖于信息技术进步而在区域内分散分布的经营网络（Sassen，2001；McGee，1999）。

新区域主义者认为城市区域的发展和经济活动全球分散分布，就像是硬币的两面，紧密相关，不可分割。经济活动全球分散分布使得竞争更加复杂，而这一再城市化过程是全球化和信息化时代企业集聚向主要节点的需求导致的结果（Castells，2000；Scott，2001；Scott and Storper，2003）。他们甚至认为大区域集聚过程已经远远超过了作为一种城市化方式的区域性集聚，或者作为政治经济过程的结果而形成的传统意义上的区域，他们已然并列于其他生产要素而成为社会生产中的一个基本单元和重要的驱动过程（Scott and Storper，2003）。

近年来，新区域主义由侧重于区域内源性因素的分析转变为研究更为复杂的全球化与区域发展及转变之间的动态关系。"区域"不再仅仅理解为固定和已界定的空间，而更被视为跨地区增长和变化的动态过程，此过程中多层级因素与机制相互影响。区域被认为是由超越地区各因素之间的相互联系决定的，并不仅仅取决于预先设定的区域边界内的要素。全球生产网络（Global Production Networks，GPNs）视角下区域内部与外部因素的战略耦合（Strategic coupling）成为一个理解全球化背景下区域发展的重要理论框架（Coe et al.，2004；Yeung，2009；杨春，2011）。

3. 中国的城市群——动力机制研究

在逐渐认识到了城市群在国内和国际城市网络中的重要性之后，这一区域类型形成与发展的作用机制研究成为一个新的热点。根据现有研究，我国城市群的形成机制大致可以归纳成四类，它们是宏观政策机制（包括跨区域基础设施的组织、产业政策、权力下放、户籍政策和行政区划），投资机制，技术创新和吸收机制，市场机制和辐射机制（许学强、周春山，1994；闫小培，1997；宁越敏，1998；顾朝林，2000；刘静玉、王发曾，2004；薛凤旋、郑艳婷，2007）。此外，陶松龄等（2002）认为长三角城镇空间的演变是政府力与市场力共同作用下的结构优化过程，朱英明（2001）则将集聚与扩散看成城市群地域结构演化的重要动力机制。

在后期的研究中，周一星提出都市连绵区的形成需要两个条件，其一是"存在两个或两个以上人口规模超过 100 万的大城市，都有国际大都市的特征并且至少其中一个城市对外开放水平很高"；其二是拥有"一个年吞吐量超过 1 亿吨的大型国际海港和国际航班次数较多的机场"（胡序威等，2000）。这两个条件表明都市连绵区拥有一定程度的外部经济，且以国际港口城市作为区域核心。但是，这两个条件是如何发生作用的，并未加以阐述。

姚士谋等（1998）提出了与胡序威等人类似的观点，认为长江三角洲城市群的动力包括（1）核心城市的内部空间需求；（2）进一步促进投资和开放的国家宏观政策；（3）全球化。郑天祥等（1999）认为香港和珠江三角洲地区已经融入并发展成了一个大都市伸展区，而它主要是由于香港的出口工业转至珠三角地区推动发展起来的。龙图英等（1999）关于长三角地区经济增长的研究就资本、劳动力、科技、市场和运输连接几方面论述了沿海优先政策及其与上海的密切关系。对于江苏省，尤其是苏南地区（江苏南部）快速的经济发展和城市化，上海起着非常关键的作用（龙图英等，1999）。对珠三角－香港大都市伸展区的研究发现，在劳动力密集型、以出口为主的工业中，外国直接投资形式的全球化是大都市伸展区发展背后的主要驱动力（Sit and Yang，1997）。郑天祥等（1999）以及宁越敏（1998）

也认为外国直接投资促进了珠三角地区和长三角地区的经济发展和城市化；然而二者的核心城市，即香港和上海在这两大都市伸展区的协调功能都是显而易见的。马顿和麦吉（1998）在讨论昆山市政府如何提高昆山的贸易环境以吸引外商投资时，就留意到了上海在其中所发挥的协调功能。徐永健（2000）以珠江三角洲和长江三角洲为例，分析了全球化和跨国公司在我国城市群形成中的作用机制。薛凤旋等（2003；2005）认为上述认识可以总结为全球本土化的驱动。在重点关注核心城市与投资机制之外，阎小培（1997）、薛东前（2002）等也注意到了城市群兴起的基础条件，如有利的国际环境、良好的地理区位与历史条件等因素。姚士谋（2001）指出了在信息化背景下，信息革命对城市群空间的拓展效应。

总体而言，在动力机制方面，我国学者做了大量研究。然而，大部分动力机制的研究都是针对沿海发达城市群开展，对于新兴的内陆地区城市群的动力机制分析较少。动力机制分析中，对于城市群的区域性集聚及其分散性发展的机理进行深入探讨的也比较少。

4. 小结

大都市带的形成始于 20 世纪 50 年代的美国，当时经济活动全球分散分布尚未开始，经济活动以邻近城市之间的相互合作、竞争为主，因而，都市区之间的相互作用是大都市带形成的重要原因。然而，上世纪 80 年代经济全球化以来，最激烈的竞争不再是区域范围内的城市之间的竞争，而更多的是与同等级的世界城市之间的竞争，区域范围内城市之间的作用变得相对次要。经济活动大范围分散分布使得经济活动通过在一些重要的城市区域内集中分布来应对复杂的竞争环境，似乎已经成为一种普遍趋势。但是，我国的城市群的形成机制有多大程度上是这种趋势的结果，仍然不得而知。所以，在分析城市群形成机制时，我们必须从全球的尺度开始着眼，进行多尺度综合分析。

麦吉的 desakota 强调当地的历史、地理、生态条件，恰恰是地点（place）的一些特殊性，对于我国这样一个转型中国家而言，分析我国特有的政策制度以及地方特性在城市群形成过程中的作用也是尤为重要的。全球城市区域将城市群地域类型看作是地方性关系资产的所在，是一个地方竞争力的重要体现，这也为我们进行城市群动力机制分析提供了很好的思路。全球生产网络的研究方法，突破了区域的限制，重视生产活动通过网络化运作在不同尺度之间发生关系而对企业本身以及区域经济产生重要的塑造作用，也为我们进行城市群集聚、扩散的空间研究提供了思路。

我国学者针对城市群所进行的动力机制探讨为我们进行机理分析提供了经验借鉴。特别是针对我国城市群发展所特有的宏观政策机制，包括产业政策、权力下放、户籍政策和行政区划等动力机制的梳理，为我们从宏观角度进行城市群机理分析提供了重要基础。

第二章　我国城市群的概念
及其基本特征

一、我国的城市群——概念

城市群概念无疑是近年来学术界乃至社会各界关心的最热门词汇之一。其重要性毋庸置疑，然而到底什么是城市群，如何界定城市群，一直是学术界争议的热点，也一直未有定论。不同的学者基于不同的出发点选取城市群概念的不同侧面进行理解。比如，方创琳认为城市群应当是一个一体化的竞争实体（方创琳，2017，2018），吴启焰认为城市群是内部实体之间存在功能联系的区域（吴启焰，1999；赵勇，2007）。以上城市群研究常常选择性地挑选适宜自身研究目标的指标，而缺乏对概念的科学理解和明确界定，这某种程度上加剧了城市群概念在国内应用上和界定上的不统一。基于不同定义标准，城市群的界定结果千差万别，分别有"十大城市群""二十大城市群""三大城市群"等结果出现，就单个城市群而言，甚至出现了跨越几千里行政范围的"城市群"。

在城市群概念应用过程中，由于概念不清、界定不明所导致的问题异常突出。正如方创琳（2011）指出的，各级政府对所在城市能否"入群"看得过重，把"入群"作为一项政治工程，甚至出现了"只有城市群才能推进新型城镇化"的"唯群论"。在"入群"运动驱使下，不少城市群空间范围的构成变成了各省城市的"拼盘"和"照顾"对象，尚未建就先扩容贪大，部分地区出现了"无中生有"的城市群，部分省份将全省所有城市纳入到城市群范围中去，最明显的例子就是长江中游城市群范围一扩再扩，由"中三角"扩成"中四角"，由27万平方公里扩展到45万平方公里，成为世界上面积最大、发育程度最弱的"城市群"，至今未能确定出科学合理的空间范围。山东半岛城市群由公认的8个城市被无端扩展为13个城市，等等。各大城市群扩容的结果使得在东部沿海地区和长江沿江地区"人为"形成了城市群连绵带。城市群的划分过多靠主观意志拼凑成群，脱离了形成界定的基本标准。很多落后地区甚至农村地区也被界定为城市群，会使得有限的资源在空间上配置不合理而造成浪费，资源无法集中利用，无法实现增长极的推动作用，不利于更好的提升区域竞争优势，更会影响到生态脆弱地区的可持续性。所以，城市群概念和界定方面的混乱给城市群方面的进一步学术研究以及政府决策带来了困扰，无疑会影响到规划管理实施效果。

到底是什么原因使得城市群的界定和理解千差万别？作为一个复杂的地域载体，城市群表现出了丰富多彩的个性特征，这些特征共同组成了城市群的必要属性，但这些属性并不一定可以作为定义城市群的充分条件，比如外资集中度这一特征。城市群往往是外资集聚的地域，然而外资集聚却并不一定是城市群形成的必要条件，因而也不应当被作为定义城市群的充分条件。再比如，区域之间密切的交通通讯以及功能联系是城市群的特征之一，但有密切功能联系的几个区域就能称之为城市群吗？众所周知，普通的经济区域内部的地域实体之间也常常有着密切的功能联系，因而城市群内部地域一定存在功能联系，而有功能联系的地域不一定构成城市群。所以，通过功能联系进行城市群的界定，也不尽准确。

那么，到底要如何理解城市群呢？笔者认为必须回溯概念的起源，来把握其核心内涵。城市群概念最早起源于20世纪10年代Geddes的集合城市（Connurbation），20世纪60年代戈特曼的大都市带研究使这一概念引起极大关注，到80年代末麦吉对亚洲地区的研究使得这一概念引入亚洲以及我国。不管是哪一个概念，最早吸引大家注意的是这一人类地域实体的巨大体量。它是人类历史上最大的聚集体，不仅如此，它往往最具经济竞争力、政治影响力，也最有文化渗透力。更为引人关注的是其不同于以往的城市化模式，城市群的出现打破了传统的城乡二元结构，出现了一种新的城乡混合的地域，或者说，城市和乡村不再是完全对立和分离，而是可以共存于同一地域甚至同一人群，这些特征在戈特曼和麦吉的作品中都有大篇幅的描述（详见第一章）。

城市化的发生不再仅仅依赖于城市，而是可以在乡村地区推进，这打破了历史上城市化必须依托城市的看法，也为推动城市化发展提供了一个新的思路。笔者多年来潜心于城市群理论方面的探讨，阅读国内外经典文献和城市地理学经典教材，认为应当从城市（镇）化的角度来理解城市群。简而言之，城市群即发生了"区域性城市化"的连续地域。

因此，本研究拟从城市地理学者的视角出发，借鉴城市群概念在国外的起源、发展，选择从城市（镇）化的角度来理解城市群，目的在于为这一新型地域实体进行合理的规划管理提供服务。我们认为城市群即发生了"区域性城市化"的连续地域。具体而言，这一"区域性城市化"的空间重组同时具备两大特征：（1）区域性集聚特征。根据相关研究，在城市区域内，生产要素连续、密集地集聚在中心城市附近的大区域范围内，各地理单元经历着快速的经济发展和经济结构转化，经济发展、城市化水平远高于周边地区；（2）大区域连续的分散化发展特征。城市区域空间集聚体内，各个主要城市地域单元之间的原农村地域，不同于西方大都市带中稀疏分布的休闲农业以及林业等，而是密集的混杂分布着制造业、农业等，使其兼具半城半乡的特征。除了组成都市区的半城市化地区之外，城市区域内部的都市区外围更为边远的原乡村地区也参与了经济发展和非农化过程（Zheng et al., 2009；Dai et al., 2014）。以上概念也可以概括为分散性区域集聚（Zheng et al., 2009；Zheng, 2009）。

城市群内部空间分散的特征与发达国家的城市区域完全不同。原因在于，发达国家已经完成了工业化过程，后工业化时期的工业大多是创新性的活动，灵活生产且不需要大面积厂房。创新要求高度集聚，因而现今发达国家的城市群常常呈现出多中心集聚的态势（Hall and Pain, 2006）。然而，对于发展中国家，正处在工业化初期、中期，工业无须分布在城市周围这一条定律仍然适用。所以，企业为了降低工业发展的成本，满足大面积厂房的需求，必然选择城市外围的原乡村区域进行工业生产。在我国，城市外围的这些区域往往不被认为是乡村，因为行政区划将这些城市周边，甚至都市区周边的原乡村地区都划归了城市政府管理，表面上看起来是一个城市的发展，但实际上在空间区位上仍然带有乡村地区发展的烙印。另外，由于行政管理上的便利性，也为了节约土地资源，方便进行管理，加强集聚、规模效应，我国的城市政府常常采用在城市外围较远区域建设工业区、开发区等方式来进行集中的工业开发，然而在空间上，这些区域仍然呈现相对分散的态势。

二、城市群的基本特征

英文中，巨型城市区域由三个单词组成，即Mega（巨大的）、Urban（城市性的）、Region（区域）。本文从这三个方面对此概念进行剖析，期望有助于对概念本身的理解以及后续的研究和规划管理。

1.Mega（巨型）

巨型城市区域的特征首先是"巨大"，这一说法尤其是相对于从城市向周边蔓延的Metropolitan area（都市区）而言的。在空间上，巨型城市区域的范围超越了都市区，范围一般是距离中心城市方圆150公里。在目前的交通通讯技术条件下，这是人类生产生活连续性扩散的最大空间范围。通常情况下，巨型城市区域巨大的"体态"还伴随着超高密度的发展和对当地资源、环境最大限度的占用，形成了对区域规划、管理理念和措施的极大挑战。

"巨型"无疑是这一地域类型最为引人瞩目的特点，巨型城市区域所特有的耀眼夺目的经济、政治、文化表现是缘于其巨大的体量。因而，许多地方政府争相成为巨型城市区域的一员，更有一些本身并不具备巨型城市区域形成条件的区域人为地划定"都市圈"，被学术界称为"圈都市"现象。这种违反客观规律的行为，无疑会导致过早开发进而造成资源浪费等问题。

巨型城市区域拥有"巨大的"体量的同时，必须同时具备第二个特征，即其内部地域亦已实现了"城市性"转变。

2.Urban（城市性的）

巨型城市区域内部均表现为"urban"，即城市性。也就是说，在这个大型区域内，除了城市及其周边地区，也即都市区，呈现出"城市性"的特征之外，都市区外围的"更远乡村地区"，也趋向于"城市性"，使得整个大区域内部空间上呈现连续的"城市性"特征（见图 2-1）。这使得使巨型城市区域明显区别于传统的"都市区"或者规划管理需要所设立的"区域"，也区别于"城市群"（City Cluster）概念。城市群常常被理解为"a cluster of cities"（一群城市），而没有强调都市区外围的农村地域的非农转化，这导致城市群概念与传统的"区域"概念并无区别，从而使得概念本身的重要意义大打折扣。同时，概念上的误读也是"圈都市"现象的重要原因。

在目前的交通通信技术条件下，由于高密度的人口和较低的经济发展水平，处于工业化初期的发展中国家的工业化无须像 19 世纪初的发达国家一样向着城市集聚，而可以在农村进行。这种革命性的转变使得工业的区位选择脱离了城市的限制，可以选址在农村地区，但大多数工业仍然选择距离城市较近的郊区进行，以便接近道路、通讯、供水供电等各种市政基础设施。而在巨型城市区域内部，如图 2-2 所示，更远乡村地区参与非农转化过程这一特征，不仅仅是中心城市对周边乡村地域扩散作用的体现，更是区域整体区位优势以及中心城市的向心力给整个区域带来的吸引力，从而不仅吸引来自大城市本身的投资、产业扩散，更主要的是接纳了大量外商、外地（包括外省）直接投资，在这里直接设厂生产。所以，从这个意义上来讲，这些农村地区与它们所属的都市区中心市的互动关系，并不像想象中的那么密切。比如，东莞与佛山的关系，不及东莞与香港的关系等。

当然，正如学者们所指出的，都市区外围原农村地区所呈现出的"城市性"，更主要的反映在这些地域进行非农活动，实现了快速的非农转化。在这一过程中，往往是农业、非农业活动共存。同时，这些地域的部分或全部居民参与非农活动，他们的管理体制、生活方式等方面存在"半城半乡"的特点，故而被称为"半城市化地区"（郑艳婷等，2003）。这使得巨型城市区域内部构成非常特殊，面临的规划管理问题也纷繁复杂。所以，这一区域类型非常值得关注和研究。

另外，值得注意的是，周边农村参与非农化发展这一特征，在我国被冠以"农村工业化"或者"农村城市化"之名，并认为地方的积极性起到了关键作用，农村工业化／农村城市化曾一度在全国范围内加以推广。然而，无视重要的宏观背景、区位优势以及发展条件等因素的情况下倡导地方动力，在一些不具备发展条件的地区会导致投资建设失败，还会与有条件区域争抢投资而导致总体效益下降。正如周一星早在1991年指出的，农村工业化／农村城市化主要发生在少数发达地区，也即巨型城市区域范围内，而其他区域的农村工业化／农村城市化实际上是都市区外围扩展模式的发展。所以，农（乡）村工业化／农村城市化在我国并非普遍存在，也不应到处推广。农村工业化的发生与其说是地方动力的结果，不如说是当地区位条件（即邻近主要大城市）、营商氛围、生产条件等共同作用的结果。

3.Region（区域）

虽然这一地域类型内部的性质已然几乎全部都是"城市性"了，但是因其内部地域上的不连续性以及分散化发展的状况，所以无法称其为城市，而只能叫它做"区域"。但是，此区域并非传统意义上为了经济政策制定以及管理需求而人为地设立的区域，它是客观形成的，区域内部存在城市地域所特有的同质性，同时与区域外部存在着显著的差异。

经济活动向着大区域集聚的态势，是经济活动跨国界全球分散分布的需求，也被认为是世界范围内参与全球化过程的经济体的空间重组的普遍性趋势。"区域化"被认为是全球化的另一个侧面。通过区域性集聚，企业可以增强竞争力，抵御全球化带来的各种不确定的风险。所以，交通通讯信息技术的应用不仅没有使得地理空间的作用削弱，反而使"区域"成为一个最重要的实体以参与经济活动，并便于集聚大量全球性的控制性功能。不同于传统意义上的"区域"，这一新的区域在经济、政治上更少受制于国家行政干预。

在新国际劳动分工过程中，我国的巨型城市区域主要参与了制造业链条部分的生产活动，被称为"世界工厂"或者世界性制造业平台。香港和上海等主要中心城市，拥有重要的国际性港口、机场以及自由贸易区等条件，吸引了国内外大量投资，尤其是外资集聚于中心城市周围约150公里范围的区域，形成了珠三角和长三角区域的崛起与腾飞。不论它们原来是中小城镇抑或农村，与中心城市越接近的地域，则越受投资者青睐。在区域内，外资利用开放政策的优势建造或者租用厂房进行制造业链条的生产，产品则出口世界各地，因而这一区域往往以出口导向型经济为特征。近年来，在金融危机的压力下，这些区域开始兼顾国内市场。外资制造业的发展带动了周边大批上、下游产业以及服务业的发展，从而使整个区域成为全国最富有的地区。在产业发展的同时，大量人口尤其是来自其他省区市、特别是经济较落后地区的外来劳动力涌向这一区域，带动了区域内部大中城市以及原乡村地区的城市化进程（虽然并未实现完全的城市转化），使区域内大片的农用土地被转化为非农用途，主要用来建造大面积的工业厂房，作为进行加工制造业所必需的条件。珠三角、长三角地区尤其是原乡村地区大量农业用地流失，主要原因并非一些学者所言的农民自建宅基地，而是外向型制造业生产占地的需求以及分散的农村管理体制和土地集体所有制度。另外，没有事先做好土地利用规划管理也是原因之一。而原当地农民则坐地收租或进行一些低端的仿照性生产，或者为外资企业提供各方面服务，在就业上脱了"农"。而包括地方政府在内的当地人却对外资企业有着深深的依赖。随着劳动力成本的升高、国际消费品市场的疲软，外资部分撤退，而内资企业没有根本竞争力，这些问题考验着发展了30多年外向型经济的我国巨型城市区域。同时，密集的人口压力以及破碎、高密度的非农用地转化，加之高强度的工业生产，极大地耗费了这个区域的生态资源，也考验着区域的环境承载力，如何进一步实现经济、社会、生态的可持续性发展是这一区域类型面临的非常严峻的考验。

如图 2-1 所示，我国的巨型城市区域的形成，往往依托于沿海港口及其主要中心城市，内部不仅包括中心城市加上半城市化地区所构成的都市区、中小城市/镇，还包括都市区范围以外的更远原乡村地区（这一提法的目的是区别于紧邻中心城市的半城市化地区）。其中，中心城市是重要的协调中心，往往包含有国际性的航空港、海港和信息港，来连接全球生产网络。它们往往占据一国城市体系的顶端，并主导着该国的经济、政治、文化生活。相比较而言，我国的其他区域则主要以都市区的发展为主。

如图 2-2 所示，20 世纪 90 年代，我国的巨型城市区域因其特殊的地理优势和协调中心作用集聚着来自于内外部的各种要素，尤以外部集聚力量为主。这些外向型的力量，表现为外商直接投资以及产品的两头在外（生产原料及零部件、以及生产设备及市场）。外资不仅投向了中心城市及其周边（共同组成了都市区），也投向了一定范围内的中小城市／镇及其周边、甚至都市区外围的更远的乡村地区，因此，我们称之为区域性集聚。区域性集聚作用的同时，我国巨型城市区域发展过程也伴随着中心城市的郊区扩散过程。这些复杂过程的共同作用使得我国的巨型城市区域成为世界范围内独一无二的复杂地域类型。

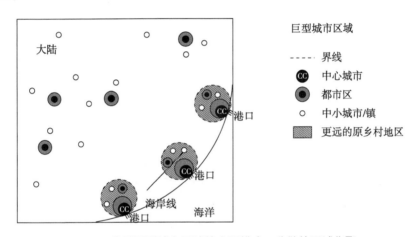

图 2-1　我国巨型城市区域的空间模式：分散的区域集聚

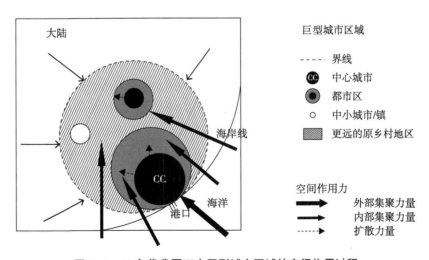

图 2-2　90 年代我国三大巨型城市区域的空间作用过程

第三章　我国城市群的空间分布格局及其演变

　　上文溯源了最早进行城市群研究的国内外理论，认为我国的城市群，不管是沿海型还是内陆型，兼具有以下两个特征，即（1）区域性集聚，或可称为区域性城市化；（2）都市区外围的乡村地区也参与到了这种区域城市化的过程中。为了便于理解和应用，我们在"区域性集聚"前加了"分散的"作为修饰，来强调边远乡村地区参与这一特点。虽然 2000 年后，尤其是内陆地区的城市群，乡村地区常常以开发区的形式来参与，但是从开发区所在区位来看，它们实际上仍然是"乡村的"，从大区域范围的分布来看，这些开发区也是"分散的"，因而，我们统一将城市群称为"分散的区域性集聚"。

　　针对以上两点特征，本章将对我国城市群的形成进行空间界定，了解我国城市群的空间分布格局及其演变。由于 2000 年前后，城市群发生发展的背景发生了重大变化，因此，本章分别就 2000 年前和 2000 年后我国城市群的形成和发展特征进行空间上的展示。

　　这一空间上的宏观展示主要是从人口的角度来进行的。首先，分县人口普查数据给我们提供了最值得信赖的数据库，来对这一宏观现象进行全国性的考察。其次，正如很多学者所言，作为一个最根本的地理表达（Trewartha，1953；Hooson，1960），人口的分布及其变化可以作为考察一切人文地理问题的起点（Champion，1989a）。第三，正如前文所言，城市群的形成可以被看作是人口的区域性集聚和原乡村地区非农转化，这两大特征兼可用人口数据来进行描述。因而，利用全国第四次人口普查数据（1990年）、第五次人口普查数据（2000 年）以及第六次人口普查数据（2010年），我们构建相应的指标来对以上城市群特征进行刻画。

一、方法论

　　为了从人口的角度描述和展示空间上的集聚和分散状况，我们搜集了全国分县的总人口、城市人口、迁移、就业等方面的数据，并将所有数据与全国分县地理信息系统数据库连接，完成了全国分县人口数据地理信息系统数据库的更新（1990-2010 年）。在此基础上，我们将从三个方面进行分析以显示其分布和变化。首先，分析大规模城市化的基础（即人口密度）。其次，将在空间上对城市增长进行测度（即人口变化和净迁移）以刻画人口集中的趋势。第三，将使用常用指标（即县 / 城市的非农业转化）和我们新提出的低度城市化水平指标来刻画区域性城市转化。具体如下：

1. 人口密度

正如戈特曼（1961）和麦吉（1991）所言，在一定的连续地域范围内的人口密集是形成城市群的重要基础，不管是发达国家的大都市带（megalopolis）或是发展中国家的 desakota（城乡交错地带）。在城市群内部，更大的人口密度往往伴随着更高的收入、更快的非农化转化程度以及更为突出的外向性程度等。对于城市群而言，人口密度是非常重要的一项指标，不仅意味着更多劳动力的提供，也意味着更多的消费需求。所以，为了描述区域性城市化，我们首先会展示全国性的人口密度，并分析其随时间的分布规律以及变化。

2. 人口集聚

（1）人口变化

人口增长是衡量区域内城市空间集聚的两个常用指标（Fielding，1982；Champion，1989；McGee，1991，1995；Carter，1995）。通过人口增长率可以说明基期年份和末期年份间的人口的自然增长，从而展现出空间区域聚集的趋势。

定义人口增长率为一定年份的人口变化，可以用基期到末期人口变化量占基期人口数量的百分比，表达式为：

POPC =（POPi-POP0）/ POP0 *100

其中，POPC 表示人口增长；POPi、POP0 分别表示末期、基期总人口的量。该指数可以反映人口集中的趋势，可以代表一定时期内各区县的经济发展对人口的吸引力。

（2）迁移人口比重

迁移人口比重定义为地区的迁入人口占当地户籍人口的百分比，表达为：

MTL =（POPtm/POPlc）*100

其中，MTL 为迁移人口比重；POPtm 为迁移人口或暂住人口，包括：（1）居住在当地半年以上，但没有当地户口的居民；（2）居住在当地不足半年，但离开户口所在地半年以上的居民（国家统计局，2002 年）；POPlc 指居住在当地的有户口的居民数量。

使用 MTL 指数，我们可以通过横向比较不同区县迁移人口的比例，展示区县对迁移人口的吸引力。该指数越高，区县对于迁移人口的经济吸引力越强。

（3）净迁移

此外，我们还增加了净迁移率来对城市增长进行表征。正如 Sit and Yang（1997）和 Lin（2001）指出的那样，城市群地区作为人口密集地，不仅对当地农村剩余劳动力，而且对来自其他地区的迁移人口都意味大量的就业机会。表 3-1 显示，2000 年中国东部地区的迁移人口就业主要集中于第二产业（75%）。王桂新（2006）的研究表明，20 世纪 90 年代迁往中国东部地区的迁移人口在工业或商业部门的就业率从 27% 增加到 77%。这表明中国的迁移人口，尤其是东部地区的迁移人口整体上为寻求工作机会而进行的迁移，因此，迁移人口可以用来表征地区的经济增长和发展，特别是第二产业的增长和发展。所以，我们认为净迁移率可以用来表示一个地区的净吸引力。

净迁移率定义为净迁移人数占该县总人口的千分之一，显示了人口增长的最新趋势，表达为：

NMR = POPnm / POP*1000

其中，NMR 代表净迁移率，POPnm 代表净迁移量，即迁入人口与迁出人口的差值，POP 为常住人口。

表 3-1　2000 年三个部门移民就业分布

产业	东部	中部	西部
第一产业	5.7%	31.9%	22.1%
第二产业	74.9%	33.3%	32.3%
第三产业	19.4%	34.8%	45.6%
总和	100.0%	100.0%	100.0%

来源：根据王（2006）编制

3. 乡村非农转化

为了反映乡村非农转化，结合文献，我们用了以下三个指标：

（1）非农化水平

非农化水平即经济或就业的非农转化率，它从人口集聚之外的另一个维度来反映城市化。大多数中国学者使用的是地区的经济或就业的非农比重来界定城市群的形成（宁越敏等，1998；胡序威等，2000）。但是如前文所述，这个指标关注了整个区县的经济结构转化，但未对原乡村地区甚至"更远乡村地区"的结构转化进行刻画。

（2）乡村地区非农化水平

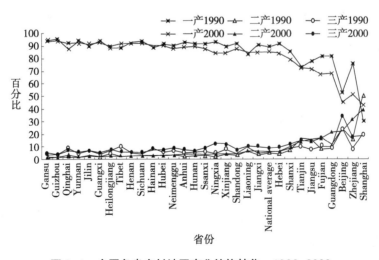

图 3-1　全国各省乡村地区产业结构转化，1990–2000

根据麦吉（1991），工业化和经济结构调整不一定在城市发生，也可能发生在更大范围的乡村地区，特别是在主要港口城市周围。因此，乡村地区的非农化水平已被许多学者用来作为确定巨型城市区域内城市转型的标准（例如 Lin，2001）。

图 3-1 表明，在 1990 年和 2000 年，沿海省份的乡村地区的第二产业增长要比全国平均水平高的多。这说明沿海省份的乡村非农转化水平较高，非农化活动在乡村地区比较频繁。因此，乡村地区的发展似乎更多地发生在某个特定地区而不是全国。基于此，可以得知，农村经济大规模转型特别是农村产业发展主要集中在东部沿海省份。

（3）低度城市化水平

很多学者都用乡村非农转化或乡村工业化指标来衡量区域的城市转化。但是，在 2000 年人口普查中，中国所有省份均没有报告乡村地区非农业就业情况。此外，这些测量似乎过分关注非农转化现象本身，而无法将其与城市化进程区分开来。因此，为了区分巨型城市区域，即"更远乡村地区"参与非农活动，本书将不使用非农就业率或乡村工业化水平而使用低度城市化指数。

低度城市化率定义为非农就业的百分比减去城市人口的百分比，表达为：

$$UEU=（Ea/Et）×100\%-（URP/POP）×100\%$$

其中，UEU 即低度城市化率；Ea 为非农就业化人数；Et 为总就业人数；URP 是城镇人口总和；POP 为总人口数。

理论上，低度城市化被认为是经济高速增长的同时城市化滞后发展（Konard，Szelenyi，1974；Zhang，2003）。这可能是由于（1）工人在城乡间往返工作（通勤），即在大城市工作，而仍然居住在靠近这些城市的乡村地区；（2）在原乡村地区发生了就地经济转化或工业化。

第一种情况可以被认为工业在城市周边，吸引周边乡村居民进行工业化活动，这些乡村居民的就业已经实现了非农化，但未集聚向城市居住，所以，反映在地区层面，表现为城市化滞后于非农化。然而，事实上，在中国目前这种情况越来越少，因为越来越多的企业不再选择地价较高的城市周边进行选址，同时大量富裕起来的农民开始选择进入周边城镇实现城镇化。

第二种情况是工业发生在原乡村地区，吸引更远的乡村地区进行就业转化。这种情况应该更为普遍。因此，正的低度城市化率表明，大量企业发生在乡村地区的同时，周边的农民实现了就业非农转化，但他们仍未进入城镇生活。如果这种发展模式围绕核心城市周围的大片地区呈现地理连续性，我们可以认为该地区发生了以区域为基础的城市转型。当该值为负时，说明该地区的发展仍然主要集中在城镇，即已被界定为"城镇"的城市周边地区仍然未完全实现非农转化。同时，关于这个指标，我们还应该注意到它不太适用于城镇地区，因为该地区的低度城市化率应该为零。因此我们在计算低度城市化率时应将地级市市区排除在外。

2000 年人口普查对于城镇的划分，进一步使得应用低度城市化率这一指标具有合理性。Zhou and Ma（2005 年）指出 2000 年人口普查时城镇区域的划分的方法是十分合理的。首先，通过限定人口密度这一指标可以防止地级市以上的城市被高估；其次，对于不设区的城市，即主要行政单位为县或者镇，划分城镇区域的标准则是其最小行政单位（居委会），因此，那些临近城镇的乡村往往会被划分为城镇区。这在一定程度上防止了对小城镇的低估。第三，在城镇居住超过六个月的农民工也被计算在内。因此，根据这一划分方法，低度城市化可以反映"较远乡村地区"发生的经济活动，并且排除城市周边地区经济转型活动的影响。

二、2000 年前我国城市群的空间重构 [①]

使用上文所述的指标，本节将使用第四次和第五次人口普查数据对全国所有区县的人口集聚和分散化发展进行刻画，展示 2000 年前我国城市群的空间重构特征。

1. 区域性集聚——人口密度

通过 2000 年我国分县的人口密度图，我们可以清楚的看出人口在各个

---

① 本部分已于 2009 年发表于 Urban Geography 第三期。

区域集聚的状况（图 3-2）

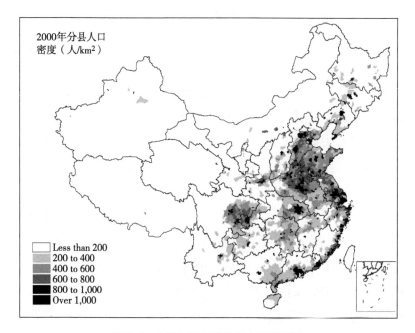

图 3-2　2000 年全国分县人口密度图

图中可以看出，我国的人口密度呈现出了从东到西降低的态势。除此之外，我们可以观察到几个人口密度高于 200 人 / 平方公里的人口密集地，如辽中南地区、京津唐地区、长江三角洲地区、山东半岛地区、福建沿海地区、珠江三角洲地区，以及围绕着中部主要省会城市的一些人口密集地，如武汉周边、长沙周边、成都重庆周边以及西安周边等。这些区域正是我们一直以来所关注的"城市群"所在地。

2. 区域性集聚——人口增长及净迁移

图 3-3 展示了我国各区县 1990–2000 年间的人口变化率和净迁移率。从图中可以看出，1990–2000 年期间，珠三角地区的人口增长最为迅猛，所有县的人口增长率几乎都大于 20%；其次，长江三角洲和京津冀范围内的人口增长在 10% 以上；其他地域（包括辽中南、山东半岛和福建闽东南区域）则只有个别的城市增长大于 10%（全国平均水平）。这表明，截至 2000 年，我国最迅猛的城市增长仍然集中在三大城市区域和其他主要城

市，区域性城市化和城市型城市化模式共同存在。

　　图 3-3 的净迁移率则更加清楚的支持了这一事实。长三角、珠三角以及京津冀地区都有正的人口迁移，核心城市的净迁移率甚至超过了 30%。而其他地区则是负的人口增长。山东半岛正的人口迁移出现在沿海一带，事实上，山东半岛的沿海一线也恰恰是经济发展最有活力的地带。

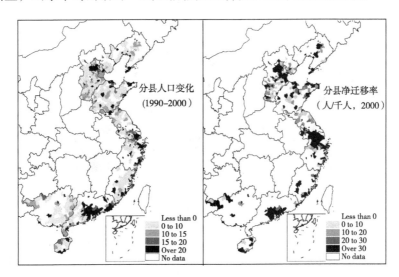

图 3-3　我国东部地区 2000 年份县市人口增长和净迁移

　　以上着重分析了我国分区县的人口集聚空间模式及其变化趋势。总的来看，在我国快速推进城市化的过程中，整个 20 世纪 90 年代，三大城市群是集聚的主体，同时伴随着沿海地区的线形发展和以主要城市为基础的集聚。

3. 从非农转化看我国城市群的形成

　　作为城市型地域类型，除了人口密集外，另一个重要特征就是经济的非农化转变，因而我们采用 2000 年第五次人口普查分区县的数据，对中、东部地区部分省市的非农就业比重进行分析。

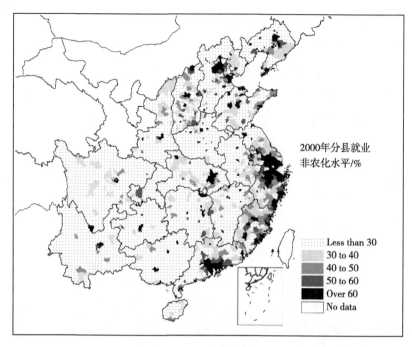

图 3-4　2000 年我国中、东地区非农业人口比重（分县）

从图 3-4 可以看到，在人口密集的中部地区，只有零散分布着的少数城市的非农化水平高于全国平均水平 30%，而其周边地区的非农化水平则普遍低于全国平均水平。这意味着，在中、东部地区，截至 2000 年，这些所谓的城市群的城市周边区域仍然以农村经济为主，被密集的农村人口所占据，构不成连续的城市型地域的条件，这些地区的城市化仍然是以城市为主，区域性的城市化发展尚未兴起。而对于东部地区而言，正如胡序威等（2001）所限定的都市区界定条件，即主要城市周边县的全县社会劳动力总量中从事非农业经济活动的占 60% 以上的条件，直到 2000 年仍然仅有长江三角洲和珠江三角洲两个区域能够保证周边县完全满足这个条件。而包括京津冀在内的其他城市区域并未实现大规模的区域性非农化发展。

4. 从低度城市化水平看城市群的形成

20 世纪 80 年代以来的乡村工业化虽然极大促进了乡村城市化的发展，但乡村城市化所带来的"村村点火，户户冒烟"现象曾经一度被诟病，因其对土地资源的不集约利用和破碎的农村型管理体制给基础设施建设带来一定的难度，也给环境改造等方面造成困难。因此，进入 20 世纪 90 年代以来，"迁村并市"成为一种趋势。但是，根据我们的研究，在发育良好的巨型城市区域内部，乡村地区依然备受青睐，乡村地区的非农化水平仍然很高。因此，我们通过 2000 年的低度城市化数据来具体分析更远乡村地区的非农转化。

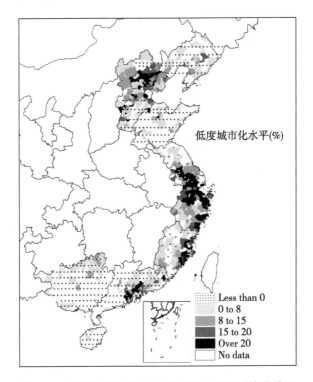

图 3-5　我国东部地区 2000 年份县市低度城市化水平

　　图 3-5 展示了 2000 年我国分县的低度城市化水平的分布。可以看出，京津冀、长三角、珠三角以及福建省沿海地带是城市化水平被低估严重的地区，平均达到 15% 以上。这意味着在这些区域的乡村地区的就业结构发生了较大的变化。换句话说，这些地区的区域聚集涉及广泛的乡村地区的非农转化，呈现较为分散的态势。改革开放以来，珠三角地区、长三角地区以及福建沿海地区由于先天的地理优势，经济快速发展，其大部分农村地区已经实现的非农转化，但是由于在行政划分上，这些地区仍属于农村地区，因此城市化水平被低估。然而在山东半岛和沈阳－大连地区的低度

城市化率并不高，根据胡序威（2000）、周一星和杨彩焕（2004），山东省和辽宁省的经济发展主要是由其省内的国有企业推动的，因此，城市的区域聚集不是非常明显，地区的乡村的非农化水平也较低。这些都进一步证实了，只有三大城市区域范围内，城市化才有大幅度的低估。而这正是我国巨型城市区域非常特别的一个特征。

以上我们分别分析了1990-2000年我国区域性集聚和分散化发展的态势。从中发现，大区域性的集聚和分散化的乡村发展几乎同时发生在三大巨型城市区域，即京津唐、长三角和珠三角地区。另外，我国的山东半岛和福建沿海则呈线型的集聚，其他地区的发展则仍主要集中于城市。

三、2000年后我国城市群的空间重构

2000年后，伴随着40多年改革开放的成果，我国的国力和国际地位大幅提升，城市化进入加速发展阶段，城市化水平稳步提升，城镇化发展表现出与2000前不同的特征。

1. 从人口密度角度看城市群的形成

通过2010年全国分县的人口密度图，可以清楚地看出我国人口在各个区域集聚的状况（图3-6）。

据图3-6所知，我国的人口密度从东到西逐渐降低，较2000年相比，人口集聚趋势未有较大的变化。人口密度高于200人/平方公里的人口密集地主要分布在东部沿海及中部地区，包括长江三角洲地区、珠江三角洲地区、京津冀地区、海峡西岸地区、山东半岛地区、辽东半岛地区，及中部的长株潭地区、武汉地区、关中地区和中原地区。此外，西部的成都重庆地区的人口密度也较高。这些人口密集的区域依然是被指认为"城市群"的地域。

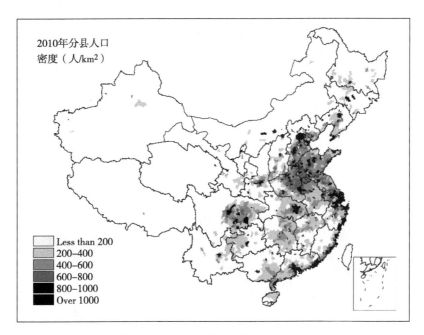

图 3-6　2010 年全国分县人口密度图

图 3-7 分别展示了各人口密集省份分区县的人口密度分布，图中显示，各省份人口密度分异特征明显。在京津冀地区、长江三角洲地区和珠江三角洲地区内，各区县的人口密度高，在一定地域范围内呈现连续的高密度集中，形成了较大的人口密集连绵区。海峡西岸地区和辽中南地区延续 90 年代的分布态势，仍然呈现条状连续集聚。山东和河南作为人口大省，各区县的人口密度普遍较高，但并未围绕某一中心形成更高密度的区域性集聚。湖南的长株潭地区和湖北的武汉城市群人口密度也相对较高，最高密度的区域（大于 1000 人 / 平方公里）出现在主要城市中心，这些城市中心的周边区县与其他外围区县的人口密度差异不大。陕西省、四川重庆地区的人口密度最高地带出现在关中城市群附近以及川渝城市群附近，其他地区则都小于 200 人 / 平方公里。

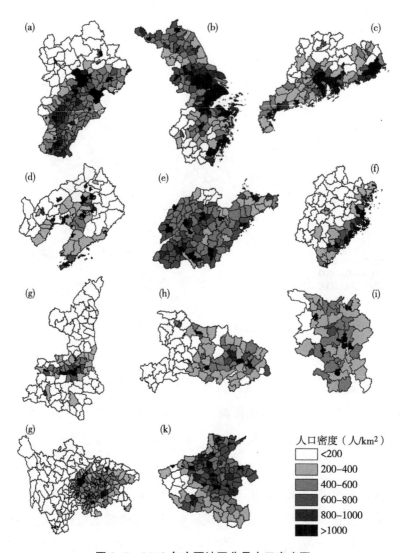

图 3-7　2010 年主要地区分县人口密度图

2. 从人口增长及迁移看我国巨型城市区域的形成

利用全国第五次到第六次人口普查数据，我们计算了 2000-2010 年间的人口变化率和 2010 年迁移率，图 3-8 和图 3-9 分别展示了它们的空间分布格局。

从全国范围的人口变化来看（图 3-8），西部地区的新疆、西藏等省份有较大幅度的人口增长，这主要受到人口自然增长率的影响。而经济较为发达的东部和中部地区，相比 1990–2000 年，人口增长的空间分布格局基本没有变化，增长区域依然主要集中在京津冀、长三角、珠三角地区，尤其是北京、天津、长三角和珠三角城市群范围内的市县人口增长几乎都在20% 以上。另外，山东半岛沿线、福建沿海和辽中南地区的大部分区县的人口增长低于全国平均水平（9.03%）。除此之外，主要省会城市以及地级市也表现出显著的人口增长，比如湖北武汉、湖南长沙、江西南昌以及河南郑州等地。总体来看，我国的人口增长表现最为显著的区域集中在三大城市区域以及其他主要城市。

　　图 3–9 展示了人口迁移率，即迁移人口占当地户籍人口比重的空间分布。迁移率去除了人口自然增长的影响，再加上我国大部分地区的人口迁移均缘于工作就业等经济原因（王桂新，2006），因此人口迁移率的空间分布更加突出的展示了经济对于人口的吸引导致的集聚趋势。我国西部的内蒙古地区以及青海省的局部地区的人口迁移流动频繁，但当地人口稀疏不具备形成城市群的条件，因而不作为本文的考虑之列。

　　长三角、珠三角以及京津冀的北京天津地区的迁移率均超过了 35%。尤其值得关注的是沿海的福建省和浙江省几乎所有区县的迁移率都超过了10%，表现出了这些地区对外来人口流入的极强吸引力。与人口增长趋势相似的是，山东半岛沿线以及辽中南的人口迁移占比不高。

　　综上，人口增长和人口迁移都表现出了相似的变动趋势，90 年代以来城市增长最突出的区域所在，仍然是我国的三大城市群，呈现大范围连续的空间集聚，而山东半岛辽中南等地吸引人口增加及外来人口进入并不明显。福建沿海、浙江省全省各区人口迁移活跃。

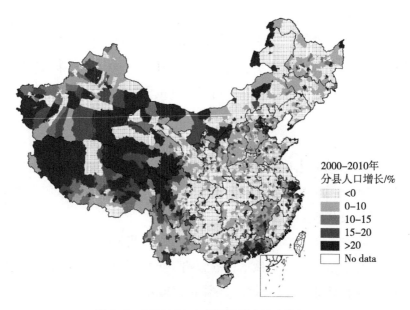

图 3-8　2000-2010 全国分县人口变化

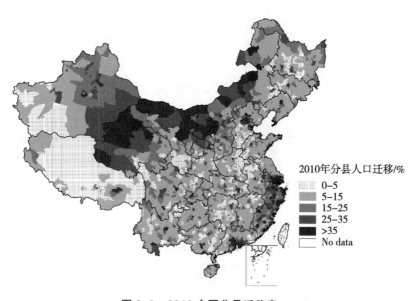

图 3-9　2010 全国分县迁移率

3. 从非农化角度看城市群的形成

图 3-10 进一步从非农就业转化的角度分析我国城市群的发展特征。

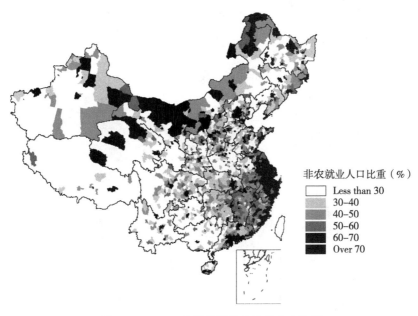

图 3-10 2010 全国分县非农就业人口比重

非农就业人口比重（%）

Less than 30
30—40
40—50
50—60
60—70
Over 70

与 2000 年的非农就业人口比重分布对比，可以看出，2010 年以来，南方地区的非农化水平进一步提升，几乎整个沪苏浙地区的所有区县、珠三角地区以及福建沿海地区的非农就业比重均超过了 60%。接近珠三角的湖南、江西省大部分地区非农化水平大幅提升，安徽和湖北地区的大部分地区的就业非农化水平也极高，达到了 40% 以上。这也部分的印证了两大三角洲的产业向着长江中游四省转移的判断（郑艳婷，2018a，2018b）。北方地区中，除京津二市及其周围、辽东半岛及其周围、山西省中部的区县、济南以及青岛及其周围区县非农就业水平较高外，大部分区县的非农就业水平仍处于 30% 以下。关中地区和中原地区的一些区县的非农化水平也高于 30%，川渝地区的很多区县的非农就业人口比重超过 30%，但均未在大范围内形成连续的区域性集聚。

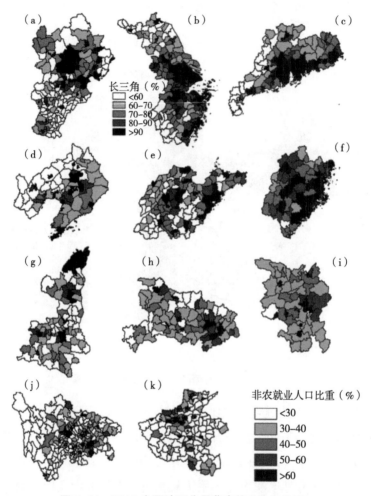

图 3-11　2010 主要地区分县非农就业人口比重

4. 从低度城市化水平看我国巨型城市区域的形成

图 3-12 展示了 2010 年我国分县的低度城市化水平的分布。与 2000 年的分布类似，京津冀、长三角和珠三角以及福建省仍然是城市化水平严重被低估的地区。另外新出现的省份主要是江西和安徽两省。这两个省份距离长三角、珠三角最近，接受的转移产业也最多，因此其发展模式与长三角、珠三角的模式最为接近，即以相对分散的劳动力密集型企业为主，因此不要求必须选址于城市及其周边，而可以在乡村地区进行生产，吸引周

边的乡村人口实现非农就业转化。因而在这些地区，非农转化已经比较充分，但人口仍然居住生活在农村，未实现真正意义上的城市化，城市化水平被严重低估。

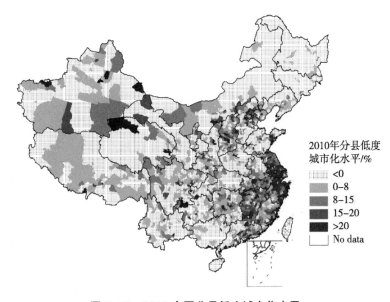

图 3-12　2010 全国分县低度城市化水平

根据以上全国 2000-2010 年人口分县数据的分析，可以看出（1）长三角地区、珠三角地区、京津冀地区进一步吸引大量人口增长和外来人口进入，其周边很大范围的区域也实现了就业的非农转化；（2）人们公认的山东半岛城市群、辽中南城市群在 2000 年后并未随着经济的非农转化发生更大范围更加密集的区域性人口集聚；（3）福建沿海地区不仅发生了快速的非农转化，也吸引了大量外来人口进入当地，但并未形成围绕中心城市随距离衰减的梯度；（4）较之 2000 年前的发展，沿海地区向内陆地区的产业转移带动了几个紧挨长三角、珠三角的内陆省份开始了经济的非农转化，如江西、安徽、湖南、湖北。在这些省份中，各区县内就业发生了非农转化，但因其吸引力有限，并未吸引大量外来人口进入区县，因而在大多数区县内人口增长和迁移率较低，而人口只向着点状的主要城市集聚，即区域性的城镇化并未发生；（5）未进行非农转化的区县及其周边地区的城镇化模式则主要以人口向着城市转移为主，也没有区域性城镇化发生。

第四章　沿海城市群的空间重塑及其作用机理分析

——以珠三角和长三角为例

20世纪80年代的珠江三角洲、90年代的长江三角洲，经济腾飞，世人瞩目。伴随着经济腾飞的，是社会各方面翻天覆地的变化。所以本章在介绍长三角和珠三角的发展概况的基础上，我们还将从时间、空间两个维度来审视这些变化过程，来考察时空耦合过程中两大三角洲的共性与个性，从而总结出沿海地区城市群发展的特征。

长江三角洲包括上海市和其他14个地级市，即江苏省的南京、镇江、扬州、泰州、苏州、无锡、常州、南通和浙江省的杭州、嘉兴、湖州、宁波、绍兴、舟山。

珠江三角洲经济区包括广东的9个地级市，即广州、深圳、珠海、东莞、中山、佛山、惠州（仅包括惠州、惠阳、惠东、博罗）、江门、肇庆（仅包括肇庆市、高要市、四会），还包括香港特别行政区和澳门特别行政区（本书分析部分未包括港澳）（图4-1）。

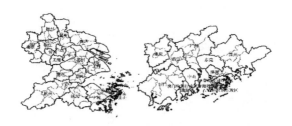

图4-1 研究区域：长三角和珠三角

一、我国两大城市群的空间重构特征

长三角和珠三角地区是全国的明星地域，作为世界工厂，生产着国内居民甚至全世界居民大部分的日用产品。然而，它们的发展从何时起步？从历史的角度来研究，这一点很重要。所以，我们这部分的叙述将时间拉回到新中国成立初期。

表 4-1　1952-2014 年巨型城市区域所在省人均 GDP 年均增长率（%）

年份	上海		江苏		浙江		广东		全国
1952-1957	9.63	(1.44)	1.72	(0.26)	5.18	(0.77)	5.98	(0.89)	6.69
1957-1965	1.10	(0.43)	1.15	(0.44)	1.83	(0.71)	1.99	(0.76)	2.60
1965-1978	7.87	(1.98)	5.45	(1.37)	3.99	(1.00)	2.47	(0.62)	3.97
1978-1985	7.16	(0.86)	10.77	(1.29)	13.63	(1.63)	10.53	(1.26)	8.36
1985-1990	4.54	(0.73)	8.15	(1.31)	6.48	(1.04)	10.78	(1.73)	6.22
1990-1995	12.80	(1.17)	15.97	(1.46)	18.28	(1.67)	16.00	(1.46)	10.97
1995-2000	11.17	(1.46)	10.37	(1.36)	9.58	(1.25)	7.52	(0.98)	7.65
2000-2004	11.42	(1.32)	12.16	(1.40)	12.35	(1.42)	11.65	(1.34)	8.68
2004-2008	11.20	(0.99)	13.33	(1.18)	11.00	(0.97)	12.23	(1.08)	11.33
2008-2014	-1.43	(-0.18)	10.07	(1.25)	7.61	(0.94)	7.31	(0.90)	8.08

注：括号内是人均 GDP 年均增长率的区位商水平，其中实际 GDP 是以 1952 年为基期计算所得。

数据来源：《新中国 60 年统计资料汇编》和各省市统计年鉴。

表 4-1 可以看到，新中国成立之初，除上海外，两大三角洲所在省份的经济增长率都远低于全国平均水平。1952-1957 年，江苏省的增长率为仅有 1.72%，区位商低至 0.26。改革开放后，它们焕发了活力，除上海外，增长率均超过全国平均水平，1978-1985 浙江省增长率高达 13.63%，区位商为 1.63。1985 年以后，广东对外开放的实效开始显现，经济高速增长，1985-1990 年经济增长达到 10.78%，区位商高达 1.73。而此时江浙地区的发展不及广东。90 年代后，这一趋势发生了逆转，1990-1995 年，江苏、浙江的发展速度基本上超过广东，分别为 15.97%，18.28%。而 1995-2000 年，这一趋势表现的更为明显，沪苏浙的增长速度分别为 11.17%、10.37%、9.58%，远大于全国平均的 7.65% 和广东的 7.52%，长三角开放的后发优势凸显了出来。2000-2008 的发展保持着上一阶段的速度，两大三角洲所在省份的增长率几乎都高于全国水平（除了 2004-2008 年间，上海和浙江的增长率略低于全国平均水平）。2008 年以后，受国际金融危机影响，以出口导向型经济为主的城市群经济增速开始放缓，除江苏的增速高于全

国平均水平外，其他省份的发展速度均慢于全国平均水平。

上表呈现了两大三角洲所在省份的整体的经济增长，图 4-2 则对比展示了 2000 年和 2010 年两大三角洲所在省份各区县人均 GDP 的空间分布，来进一步展示各空间单元的经济增长变迁。截至 2010 年，两大三角洲均积累了大量财富，巨型城市区域所在范围内部所有县级单元的人均 GDP 均高于周围非巨型城市区域，形成了一个罕见的超大面积的富裕区域。长三角范围内，几乎所有的县级单元人均 GDP 均接近 40000 元，而距离上海越近的区域人均 GDP 越高。珠三角内圈范围内，县级单元的人均 GDP 平均也达到了 40000 元。从图中也能看出，经过多年的快速经济增长，两大三角洲地区发展成为远超过周边地区的富裕高地。

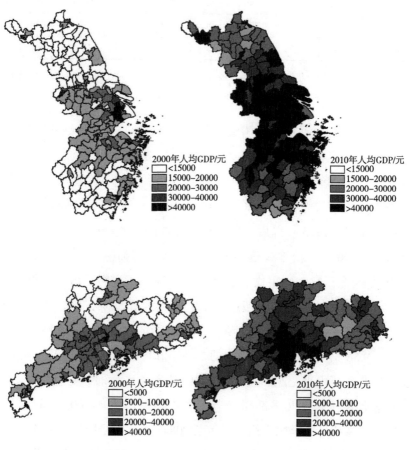

图 4-2　2000 年和 2010 年上海、江苏、浙江、广东分县人均 GDP

二、经济结构迅速转化

伴随着经济的快速增长，两大三角洲的经济结构迅速转化（表4-2）。

表4-2　就业结构及其区位商的变化

	第二产业就业比重			第三产业就业比重		
	江苏	浙江	广东	江苏	浙江	广东
1980	19.37	20.07	16.53	10.18	10.17	12.22
	（0.97）	（1.10）	（0.93）	（0.74）	（0.78）	（0.90）
1990	33.85	29.85	27.21	17.26	16.98	19.82
	（1.61）	（1.39）	（1.27）	（0.91）	（0.92）	（1.05）
2000	29.71	30.87	26.21	28.07	31.32	32.65
	（1.33）	（1.37）	（1.18）	（1.00）	（1.14）	（1.18）
2005	38.51	41.84	30.69	33.72	33.46	36.37
	（1.62）	（1.76）	（1.29）	（1.07）	（1.07）	（1.16）
2008	44.37	46.47	33.43	34.71	35.34	38.23
	（1.63）	（1.71）	（1.23）	（1.05）	（1.06）	（1.15）
2014	43	49.71	41.4	37.7	36.78	36.23
	（1.44）	（1.66）	（1.38）	（0.93）	（0.91）	（0.89）

注：括号内是就业比重的区位商。

在20世纪80年代，巨型城市区域所在省份的二产就业比重快速增长，三个省份的第二产业占比平均值从1980年的19%提高到1990年的30%，相应的平均区位商也从1提高到1.4。截至1990年，这三个省的工业化水平已然高于全国平均水平，他们的区位商明显大于1可以说明这一点。同时第三产业的就业比例不断增加，三省的平均值从1980年的11%上升到1990年的18%，区位商的平均值则从0.81上升到0.96，三产比重低于全国平均水平，显示他们仍以工业化发展为主。到了21世纪初期，巨型城市区域省份第二产业的重要性经历了一次微减，而第三产业显著增长。第二产业的就业比重平均值从1990年的30%降到了2000年的29%，相应的区位商也从1.4降到了1.3。相反，第三产业明显增长，三省份均值从1990年的18%上升到2000年的31%，相应的区位商均值也超过了1，这说明三省在工业化发展的同时，第三产业也得到了快速发展，至此超过了全国平均水平。2000-2008 年，第二产业和第三产业继续发展，二产和三产就业占比不断上升，且都高于全国平均水平。到 2014 年，江苏第二产业占比略有下降，三产占比上升，反映地区产业结构不断升级。而广东省则表现出截然不同的趋势，即二产上升、三产比重则略有下降，反映出金融危机后广东通过向粤北地区产业转移，全省推动工业化发展所做出的努力。

除了上述以省份为单位呈现不同产业的发展之外，我们还给出了巨型城市区域内部每个县级单位的二产就业和三产就业的空间变化。图 4-3 显示，1990-2010 年，长三角和珠三角区域的县域单元均实现了二产比重的显著增加和三产的平稳增长。二产就业比例增加最高的区域在核心城市周围以及主要城市的边缘，围绕中心城市、香港和上海形成了一个大型的制造业平台，而三产最高比重则出现在主要城市。比如，在长三角范围内，距离上海较近的区县的二产、三产的就业比重远高于较远区县。在珠三角的大范围内，尤其是距离香港较近的内圈区域的区县的二产、三产就业比重较高。同时，在这两个三角洲内部，除了核心区域之外，就连离核心城市较远的区县也实现了非农化发展，表现为分散化的分布特征。2010 年以来，二产、三产就业的比重进一步提升，以长三角和珠三角城市群核心最为显著，其余大部分市县的非农就业比重均有较快增长，表现出明显的区域性非农转化态势。截至 2010 年，几乎整个区域的人口都已实现了非农转化，务农的人口已经极少。虽然密集的城市型用地的间隙仍然存在一些农业用地，但是大部分都已变成规模化经营或者种植经济型作物，用来满足城市居民的生活和休闲需求。可以说，整个区域已经实现"非农化"的城市型转化。

总体而言，改革开放以来，我国的城市区域经历了快速稳步的经济转型。一方面，周边县（包括较远乡村区域）迅速实现了工业化转型，使得区域整体成为一个世界级的制造业平台。另一方面，他们的核心城市和其他传统城市，服务行业的专业化程度也逐渐提高，为这个庞大的制造业平台提供着所需的服务。

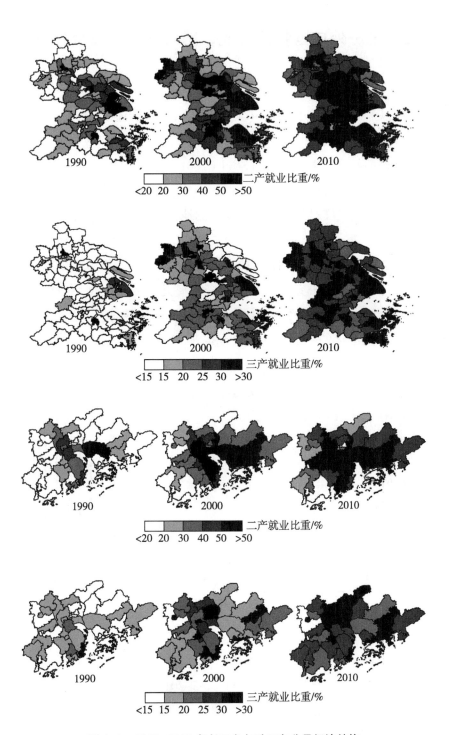

图 4-3　1990-2010 年长三角与珠三角分县经济结构

三、经济外向型特征明显，两大三角洲成为全球性生产平台

通过以上的分析可知，从 1978 年开始，巨型城市区域取得了经济的持续增长和转型。随着时间的推移，长三角和珠三角已经形成一个区域性连续的最富裕的制造业平台。正如 Scott（2001）所指出的，经济活动全球分散的同时有向着最主要节点区域集聚的趋势。正如本节即将展示的，我国的巨型城市区域确实是外资最具吸引力的地域，充当着世界工厂和全球性生产平台。

从 1978 年改革开放以来，越来越多的外商直接投资流入中国的沿海省份，Sit（2005）的研究表明这些投资主要是进入了巨型城市区域。外商直接投资的流入作为一种新的外部力量被认为是不发达国家经济发展、经济转型和城市化的一个重要因素（Sit and Yang，1997；Pannell，2002；Webster，2002；Yeung，2002）。

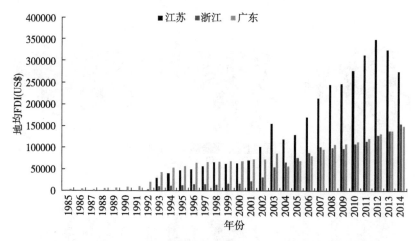

图 4-4　江苏、浙江、广东省地均实际利用外资，1985-2014

图 4-4 显示了 1985-2014 年期间，两大三角洲所在省份每平方公里外商直接投资的变化。图 4-5 显示了从 1985-2014 年地均外商直接投资和地均固定资产投资的区位商的变化。很明显，两大三角洲所在省份的 FDI 持续增加，和全国平均水平相比，它们是 FDI 的高度汇集区域，区位商远高

于 1。比较外资和内资（即固定资产投资）的区位商变化，可以看到，外国直接投资的区位商变化明显超过固定资产投资，特别是在广东、江苏，2000 年以后，三个省份外商直接投资的区位商变化都超过了固定资产投资。从两幅统计图中可以看出，广东密集的 FDI 集聚从 20 世纪 80 年代开始，每平方千米 FDI 逐年增加，且具有较高的区位商；而江苏、浙江，与经济增长的时空变化相似，外国直接投资明显集中流入始于 20 世纪 90 年代后，尤其是 1992 年以来浦东的开放。这表明，广东从 80 年代开始，长三角从 90 年代开始，经济更受全球力量的推动。以下关于出口的论述也将说明这一点。

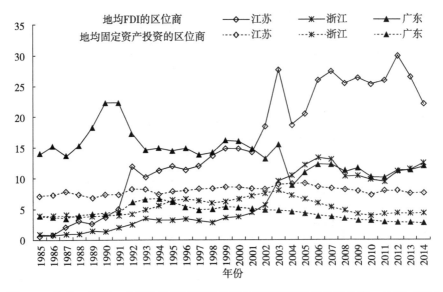

图 4-5　江苏、浙江、广东地均实际利用外资和固定资产投资的区位商，1985-2014

表 4-3 显示了巨型城市区域所在省份 1980-2014 年每万元 GDP 的出口额及其年均增长率，括号内是区位商，二者的趋势基本一致。从 1980 年到 2008 年，这些省份的万元 GDP 出口额在持续增长。2000 年起，这些省份的外向程度均超过了全国平均水平，区位商均大于 1。2008 年后，受国际金融危机以及我国启动内需战略的影响，万元 GDP 出口额均呈现不同程度的下降。具体来看，从 80 年代起，广东省的出口增速最快，1985-1990 年间区位商的平均值高达 2.73。而此时，江苏和浙江省的经济出口贡献率仍然低

于全国平均水平，万元 GDP 出口额的区位商小于 1，这意味着此时的长三角仍以内向型经济为主体。2000 年，江苏和浙江省每万元 GDP 的出口额的区位商平均值分别高达 1.19 和 1.25，浦东开发使得他们的出口经济增长取得了快速的发展。从 1990 年以来，长三角省份尤其是江苏和浙江的出口年均增长率超过了广东省，经济外向程度逐渐超越广东省。2008 年以后，受到国际金融危机的影响，无论是长三角还是珠三角，出口经济受到影响，2008-2014 年出口年均增长率和万元 GDP 出口额下降。

表 4-3　两大三角洲所在省出口导向型经济

		上海		江苏		浙江		广东		全国
出口/万元 GDP（¥）	1980	2052	(3.43)	401	(0.67)	203	(0.34)	1319	(2.21)	598
	1990	3256	(2.06)	994	(0.63)	1157	(0.73)	6818	(4.32)	1578
	2000	4399	(2.10)	2494	(1.19)	2621	(1.25)	7084	(3.38)	2093
	2008	8359	(2.68)	5336	(1.71)	4992	(1.60)	7629	(2.45)	3117
	2014	5480	(2.42)	3226	(1.42)	4179	(1.84)	5853	(2.58)	2269
出口年均增长率（%）	1978-1985	1.89	(0.14)	18.12	(1.32)	43.41	(3.15)	9.9	(0.72)	13.76
	1985-1990	7.96	(0.54)	10.86	(0.74)	15.79	(1.08)	39.99	(2.73)	14.64
	1990-1995	13.83	(0.88)	22.16	(1.41)	24.58	(1.57)	16.86	(1.08)	15.68
	1995-2000	13.96	(1.55)	17.52	(1.95)	14.91	(1.66)	8.42	(0.94)	8.98
	2000-2008	20.61	(1.33)	27.05	(1.74)	13.68	(0.88)	13.64	(0.88)	15.52
	2008-2014	3.67	(0.43)	6.22	(0.73)	10	(1.17)	8.13	(0.95)	8.56

注：括号内的数字为出口/万元 GDP 及出口年均增长率的区位商。
资料来源：根据不同的官方统计年鉴计算所得。

整体而言，珠三角的出口导向型经济发展始于 20 世纪 80 年代，而长三角则始于 90 年代。到 2000 年，经济的出口导向程度均已高于全国平均水平，充当着全球性生产的重要平台。2008 年之后，出口导向经济受到影响。

除了上表观察到的以省为单位的出口导向变化外，图 4-6 展示了县级单位的出口空间分布：

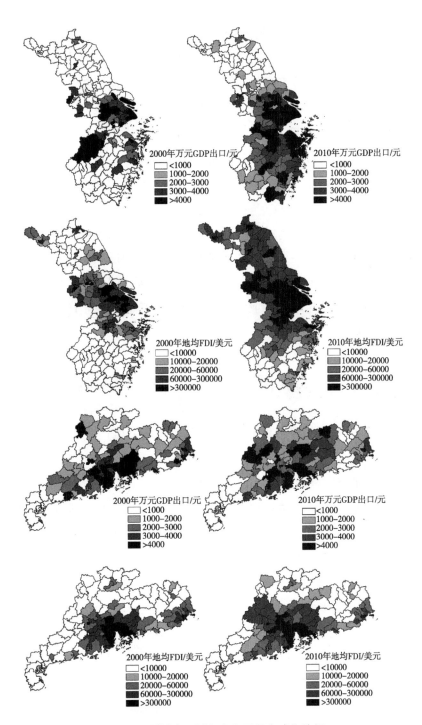

图 4-6 巨型城市区域各省分区县全球化特征

图 4-6 展示了 2000 年和 2010 年，每平方公里实际利用外商直接投资和万元 GDP 中出口份额在广东省和沪苏浙三省上的空间分布。非常明显，几乎所有的长三角和珠三角城市群地区的经济表现出了较高程度的出口导向性，而且城市群范围内的区县远比周边县区吸引了较集中的 FDI 流入。并且，从 2000-2010 年，分县的出口和 FDI 显著增加，以城市群为中心，出口和 FDI 有向周边区县流动的趋势，最集中的出口和外商直接投资的区域出现在长三角和珠三角的内圈。这一空间分布显示了一个高密度连续外向型经济体的形成。

总而言之，随着中国经济的开放性越来越强，城市区域已经变成一个比周围地区 FDI 集聚性更强、外向型经济更突出的巨大的连续性平台。作为一个整体，它已经主导了中国出口导向型经济，因此在出口导向型生产上比其他地方变得越来越专业化和市场化。因此它已在生产和市场化方面日益成为全球性的平台。

四、外来人口大量涌入，人口向心集聚特征明显

以上分析表明，巨型城市区域已经是外向型生产平台，经济增长迅猛，结构转化迅速。接下来我们通过对巨型城市区域的人口情况进行分析来了解它内部空间是如何重构的。

图 4-7 显示了长三角和珠三角从 1982-2010 年三个阶段的人口增加情况。80 年代，珠三角人口增长最快的区域集中在香港周围的内圈，人口增长超过 10%（1982-1990 年全国人口平均增长率为 11%）。90 年代，内圈县市的人口增长仍然最快，如珠海、中山、顺德、番禺、东莞、深圳在 1990-2000 年间人口增长超过 50%。而外圈县市的人口增长就缓慢很多，如高要、新会、开屏、恩平和台山等人口增长低于全国平均水平（12%），这意味着 20 年间珠三角的发展更加集中在内圈。在空间上，各县市两个 10 年间的人口增长都与香港的距离呈负相关，这种同心圆模式自从 80 年代珠三角外向型经济开始即已出现，90 年代深入的全球化进程更加深化了这一空间模式。很明显，香港周边的区域更受外资尤其是港资的青睐，从而拥有

更多的发展机会。而到了 2000-2010 年,核心城市的人口增长率降低,周围区县的反而增加,这说明核心城市的人口开始缓慢向周边转移,这通过下面的人口迁移图示也可以看出。

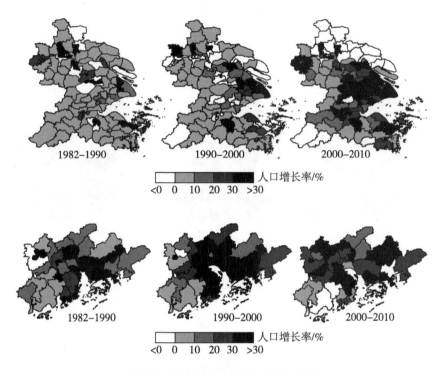

图 4-7 人口的空间重组,1982-2010

对于长三角地区而言,1982-1990 年人口增长最为显著的是几个主要城市,如苏州、无锡、常州的市区。一些外围县市,诸如苏州的吴县、常州的武进、镇江的丹徒、扬州的汉江、泰州的泰兴等地的人口甚至减少了,说明这一时期人口由周边半城市化地区向主要城市集中。在 20 世纪 90 年代,在长三角地区,除了上海出现郊区化现象之外,各城市的人口增加迅速。更为重要的是,与上海相连的区县,特别是那些交通要道沿线的城市人口增长较快,超过 12% 的全国平均水平,表明 90 年代人口有向上海集中的趋势,这一时期的人口与到上海的距离呈现出强的负相关关系。此外,与 20 世纪 80 年代不同的是,20 世纪 90 年代长三角地区南部和北部的最外围城市,总人口减少了,说明在这些区域人口外流明显。

2000-2010 年，城市群核心圈层内城区及县级单元的人口继续显著增加，在上海都市区范围内的人口增长都达到了 35% 以上水平。总之，长三角的空间变化模式非常明显，由 20 世纪 80 年代的向传统城市集中转变为 20 世纪 90 年代的向中心城市周围的区域集聚模式，这与珠三角 20 世纪 80 年代以来的集聚过程类似。这一比较研究结果似乎表明，全球化推动下的空间模式更加强了向中心城市周围的城市区域向心集聚的模式。

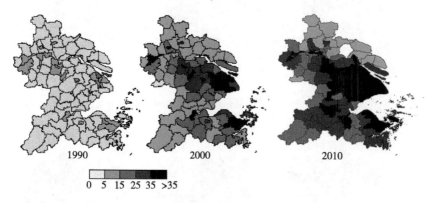

The YRD:Ratio of migrants to local population

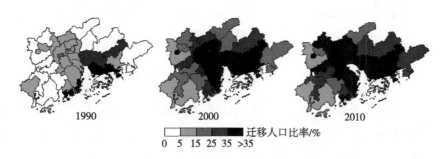

图 4-8　长三角与珠三角的迁移率，1990-2010

图 4-8 显示了长三角和珠三角两个地区迁移人口与当地总人口的比例，由于迁移人口为普查年之前隔年迁移人口的合计数，因此用 1990 年的数据作为 20 世纪 80 年代的迁移人口总和。

在珠三角内圈，1990 年的迁移人口占本地人口的比例超过 5%，其中东莞为 26%，珠海为 40%，深圳为 62%。2000 年，迁移人口进一步向内圈集中，该比例超过 35%，外围区域的迁移人口比例也超过了 25%。到了 2010

年，迁移的趋势更加显著。在长三角地区，1990 年，只有城市本身的迁移率超过 5%，而其他县市的迁移人口比率均少于 5%，这表明 80 年代经济发展以城市为中心，其他地域的发展依赖当地劳动力为主。到 2000 年，上海及其周边大范围区域，以及南京、杭州、绍兴、宁波市及其周边，迁移人口比率均达到 15% 以上，这说明 1990-2000 年间，发展已经从主要城市转向了城市区域以及主要都市区。到了 2010 年，长三角范围内，几乎所有的区县都实现了人口的流入，这说明长三角周边的区县也进行非农活动，吸引着外来人口的增加。

通过以上分析，作为一个区位优势明显的区域，巨型城市区域，尤其是中心城市周围的内圈区域，人口增加最多，特别是迁移人口。向着中心城市集聚、空间上呈同心圆模式分布，成了巨型城市区域参与全球化过程后空间重构的重要模式，与传统的内向型为主发展导向下的空间模式有着典型的区别。换句话说，在外向型经济的带动下，中心城市周边的一个大范围区域实现了区域性城镇化发展。

五、非农土地利用扩张迅速，巨型城市区域用地分散

在上一部分分析中，人口和迁移人口的数据已经表明了巨型城市区域向心集聚过程。然而主要是以省和县的数据为基础。在这一部分中，我们将通过 GIS 遥感数据得到的非农业土地利用的变化情况来进一步揭示巨型城市区域的空间变化模式（图 4-9）。这部分非农业土地利用的数据主要来自中国土地覆盖数据库，比例为 1∶10 万，都来自 TM/ETM 卫星影像数据，分别为 1990 年和 2000 年，分辨率为 30 米。在此基础上，我们通过土地利用变化的空间展示，将对巨型城市区域的经济活动和变化有一个更深层次的了解。

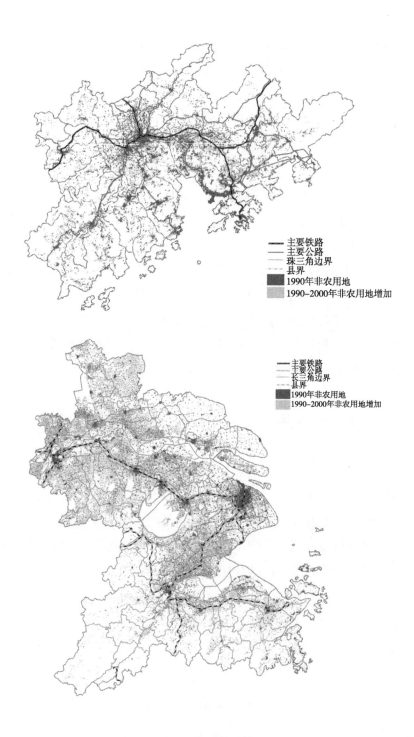

图 4-9　长三角与珠三角非农用地增加，1990–2000

在最发达的区域，珠三角和长三角地区无疑都有一个非常显著的土地利用变化的过程。通过 1990-2000 年土地利用数据库，珠三角和长三角地区的非农用地分别增加了 44.8% 和 39.7%。通过比较，广东的非珠三角地区和沪苏浙的非长三角县域，分别增加了 6.3% 和 6.4%。珠三角地区的非农土地增加占整个广东省的非农用地增加量的 81.8%，同样长三角地区非农用地增加占沪苏浙三地非农用地增加量的 83.2%，结果表明两大城市群呈现出了更为明显的非农土地利用转型。根据 Yang（2002），尽管 1992 年经济和技术开发区的发展和集中是使得长三角地区 90 年代非农用地扩张的一个原因，但耕地减少主要是以工业化为特征的区域经济发展需求导致的。此外，珠三角地区耕地的减少也是由经济发展特别是 FDI 的流入引起的。此外，我们发现 1990-2000 年非农用地的增加与每平方公里内的 FDI 正相关，在珠三角相关系数为 0.604（P<0.01），长三角相关系数为 0.457（P<0.001）。在长三角地区，非农用地增加还与每平方公里内的固定资产投资相关（r=0.308，P<0.01），而珠三角地区则不存在这种相关性。以上分析表明，非农用地的显著增加反映经济发展，特别是与资本流入情况相关。关于经济发展所导致的非农用地增加更为详细的分析来自实地调研。

1990-2000 年以土地利用数据库为基础的巨型城市区域非农用地的空间变化可以更清楚地看出，珠三角地区非农用地扩张在公路和铁路沿线更为明显。而在长三角地区，上海周边地区更加明显，特别是江苏南部紧邻的区域，可谓遍地开花。因此，20 世纪 90 年代长三角和珠三角，核心城市周边广大范围的区域非农土地利用增加多于外围区域，这也缘于这些地区表现出更为显著的经济发展，特别是工业化发展。这一点与之前县域水平上的统计分析结果相一致。此外，20 世纪 90 年代珠三角的快速发展主要集中在内部区域，而在长三角地区，更集中在江苏南部。另外，作为港口城市的宁波市的非农用地增加也异常显著。相比而言，作为省会城市的南京和杭州的非农用地的增加则更多地反映出以城市为基础的空间扩散特征。

总体而言，上海和香港周边区域的非农用地增加最为显著，比外围区域的增加明显得多，且在区域范围内呈现分散性扩张的态势，与传统城市沿着城市外围渐次扩张有着明显的区别。

六、城乡土地混合使用，区域集聚呈现空间分散态势

为了识别巨型城市区域的独特特征，我们采用1990-2000年遥感土地利用数据来准确显示其内部农村地区土地利用的混合使用。

土地分散度反映了区域内的景观破碎程度。尽管许多研究指出了我国城市化过程中土地利用转化的复杂性和非农业用地与农业用地的混合特征，但定量评估城乡土地混合使用程度的研究不多。基于地理信息系统技术，本研究采用连接计数法（join counts）计算分散度对长三角地区和珠三角地区城乡用地混合的程度进行定量评估。

连接计数法由地理学家 Cliff and Ord 提出，通过计算连续网格单元之间的连接，被广泛用于测量分类数据的复杂性（Upton 和 Fingleton，1985；Fortin，1999）。其基本步骤是：

（1）首先定义基本网格单元："非碎化建设用地"采用简单的"多边形连接规则"进行定义，将判断"两个或多个同类建设用地"是否连接或集聚的标准转换为一定规模的矩形大小即"基本网格单元"。此单元就是为了实现一个城镇建设的基本功能所需的基本土地面积。面积小于此单元的建设地块，因其达不到基本的功能单元要求，则定义为"用地碎片"。本研究将原始的 GIS 矢量数据转换为 100 米分辨率的栅格数据，用于中国地图数据。

（2）单元格赋值：根据不同用地类型的连接程度，计算农用地和非农用地之间的连接数即对非农用地所涉及的每个单元格进行赋值。一个非农用地单元格的赋值规则是：首先，以该赋值单元格作为周边 8 个单元格的中心格；其次，确定赋值单元格与周边 8 个单元格的用地类型是否相同；最后，确定赋值单元格周边的 8 个单元格中，与赋值单元格用地类型不同的单元格数目就是赋值单元格的连接数，即城乡土地利用混合度。按此规则，一个单元格的赋值将在 0-8 之间，如图 4-10 所示：

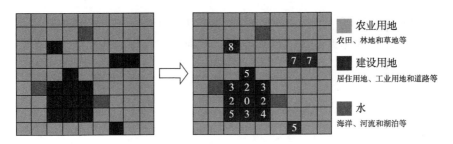

图 4-10　土地分散度计算方法

数据来源：原图来自郑艳婷（2009），在此基础上稍有改动。

（3）分县城乡建设用地分散度：使用 C++ 语言开发的连接计数的计算程序，计算了长三角地区和珠三角地区每个非农用地单元格的非农用地与农用地之间的连接数，针对每一个县域，进一步利用 Arcgis 进行网格连接数的加总作为城乡土地利用混合的度量，也即土地分散度的度量。

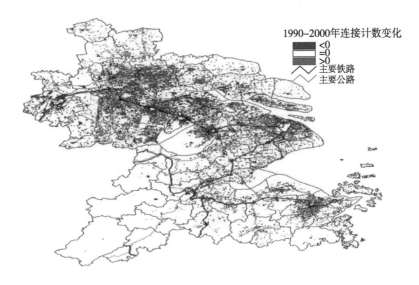

图 4-11　长江三角洲土地利用分散度，1990-2000 年

图 4-11 为 1990-2000 年长江三角洲土地利用分散度，图 4-12 为 1990-2000 年珠江三角洲地区土地利用分散度。深色表示城市和农村的土地混合使用程度增加，即土地利用分散度增加，这意味着这些地区的土地最初为农业用地，但是在 1990 年到 2000 年间被转化为城市建设用地。浅色表明城

乡土地混合使用程度有所下降，土地利用分散度减少。可以看到，浅色一般出现在城市的邻近区县，说明城市土地利用进一步向外扩展。白色表示几乎没有变化。

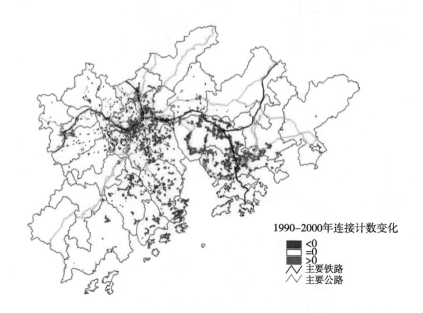

1990-2000年连接计数变化
- ■ <0
- □ =0
- ▨ >0
- ⋀ 主要铁路
- ⋀ 主要公路

图 4-12　珠江三角洲地区土地利用分散度，1990-2000 年

从图 4-11 可以看出，在长三角地区，1990-2000 年城乡土地利用混合度正向增长的地区密集分布在上海周围并呈弥漫性的分布态势。很多相关的论述也证明了，在上海及其周边地区，大量农田被转化成了非农用途，乡村工业用地的增长甚至快于大城市。相比之下，杭州和南京周边地区的土地利用分散度增加较少，南京都市区和杭州都市区在 90 年代的增长模式似乎不同于上海周边，当地的乡村地区无序开发的情况相对较少。此外，紧邻上海、苏州、常州和无锡等城市的周边地区，城乡土地利用混合度下降，显示城市郊区的土地开发是相对有序且渐次的开发模式。

从图 4-12 中可以看出，在珠三角地区，1990-2000 年土地利用混合度增加的区域呈现出与长三角地区不同的模式。铁路和主要道路上沿线土地利用较为分散。与人口迁移和其他因素所证明的模式类似，珠江三角洲的内圈土地混合利用特征更为明显。

我们进一步考察了 2001 年珠三角工业用地的分布情况，数据表明珠三角地区乡村中的工业用地比例非常之大，所有区县均超过40%。且越接近香港的区县，村庄的工业用地越多。在此基础上，我们可以推断，在珠三角内圈，经济发展和投资的增长非常迅速，但因城市本身无法满足投资者的土地需求，所以附近的农村地区被作为企业的选址点。

这些结果进一步表明，首先，通过不同密集程度的土地混合使用，反映出城市群内有着比城市群之外的更加显著和更高密度的非农化发展；其次，这是一种以区域为基础的城市化新模式，不仅涉及城镇，还涉及分散的农村；第三，城市群的空间格局不是围绕着连绵在一起的几个大都市区域，而是呈现出核心城市周围的扩散模式，这与人口增长所显示的向心趋势是一致的。所有这些特征都使得城市群成为与传统的城市、都市区不同的一种独特的地域类型。

七、我国沿海地区巨型城市区域的动力机制分析

1. 指标选取

以上部分进行了空间模式的分析，通过与省级单元内其他区县进行对比，初步分析了巨型城市区域的分散的区域性集聚。多元回归分析可以进一步帮我们确定导致巨型城市区域形成特殊空间模式的因素，并通过自变量与因变量建立关系，确定每个自变量的相对重要性（Hair et al., 2006）。在这部分，我们选取了代表空间集聚的净迁移率 NMR（Y1）、遥远的乡村地区的低度城市化率 UEU（Y2）以及土地利用分散程度的土地利用破碎度 LUD00（Y3）分别作为因变量，用代表巨型城市区域内县级单元的经济表现和生产要素集聚水平的自变量进行解释。表 4-4 展示了回归分析中所包含的变量。在我们的研究中，将会采用"逐步回归"的分析策略，它可以使我们用最少的因变量建立一个回归模型，这些因变量统计上显著同时又具有最大预测精度。

表4-4 回归变量

因变量	Y1: 净迁移率	NMR	Y2: 低度城市化水平	UEU	Y3: 土地利用破碎度00	LUDOO
自变量	二产业就业比重	2NDE	净迁移率	NMR	低度城市化水平	UEU
	三产业就业比重	3RDE	外来人口－本地人口比	MTL	净迁移率	NMR
	非农GDP比重	NAGDP	非农GDP比重	NAGDP	人口密度	DEN
	工业总产值/GDP	IND	三产就业产值比重	3RDE	地均固定资产投资	IFA
	出口/万元GDP	EXP	工业总产值/GDP	IND	地均实际利用外资	AUFDI
	城市化水平	UL	出口/万元GDP	EXP	非农土地利用变化	NALUC
	地均实际利用外资	AUFDI	人均GDP	GDPPC	距离中心城市的最近距离	DCC
	地均固定资产投资	IFA	地均固定资产投资	IFA	每平方公里的公路长度	RD
	非农土地利用变化	NALUC	地均实际利用外资	AUFDI	非农GDP比重	NAGDP
	距离中心城市的最近距离	DCC	距离中心城市的最近距离	DCC	二产就业比重	2NDE
	每平方公里的公路长度	RD	区域	REG	三产就业比重	3RDE
	区域	REG			工业总产值/GDP	IND
					区域	REG
样本	长三角和珠三角119个县级单元		长三角和珠三角91个非市的县级单元		长三角和珠三角91个非市的县级单元	

2. 相关性分析

在确定模型需要的指标之后，接下来将通过相关性分析检查因变量与自变量之间的相关关系。本节利用整个广东和沪苏浙的数据，对巨型城市区域（简称为 EMR）内的县级单位进行相关性分析，并且与非 EMR 区域（包括省级单元内的其他区县）的变量进行对比分析，以突出 EMR 的独特性。此外，使用 REG（区域）作为控制变量，将进行偏相关分析而不是 Pearson 相关性，以调整两个区域的不同发展水平带来的潜在影响。表 4-8 显示了因变量和自变量之间的相关矩阵。

从表 4-5 和表 4-6 中，发现通过 NMR（净迁移）测度的人口集聚与 EMR 和非 EMR 中的 DEN（人口密度）、IFA（地均固定资产投资）、AUFDI（地均实际利用外资）、UL（城市化水平）、IND（工业总产值 /GDP）和 RD（每平方公里的公路长度）显著正相关。这些结果表明，通过净迁移测度的城市的集聚增长可能是由投资流入、城市化和工业发展推动的，交通便利的地方也是城市发展显著的地区。在 EMR 内，NMR（净迁移）与 MTL（外来人口 / 本地人口）、NALUC（非农土地利用变化）和 EXP（出口 / 万元 GDP）显著相关，但在非 EMR 中未发现类似的相关性。正如上文所述，EMR 中的县级单位显示出更加显著的移民流入特征，非农业的集中增长和经济的出口导向比非 EMR 县更多。此外，我们发现 NMR（净迁移）与 EMR 组中的 DCC（距离中心城市的最近距离）显著负相关，这表明在 EMR 内到核心城市距离测度的城市吸引力具有距离衰减规律，但在非 EMR 领域没有类似的关系。非 EMR 区域的城市增长也可以由当地经济驱动，正如非 EMR 组中 NMR（净迁移）与 GDPPC（人均 GDP）之间的正相关所示。然而，EMR 组没有发现类似的关系，这表明城市集聚增长并不一定与经济发展水平有关。

表 4-7 显示 UEU（低度城市化水平）与每个 EMR 和非 EMR 组中的 MTL（外来人口 / 本地人口）和经济体的非农业转化指标正相关，包括 NAGDP（非农 GDP 比重）、NAE（非农就业比重）、2NDE（二产就业比重）和 3RDE（三产就业比重）。这表明，UEU 所表示的"偏远农村地区"的经

济转型与当地经济的非农业活动水平相关。此外，通过 UEU 测度的农村地区的经济转型与集聚和分散指标正相关，如 EMR 组中的 NMR（净迁移）和 LUD00（土地利用破碎度），这表明 EMR 内县级单位的农村地区参与经济转型与其空间集中和分散发展程度有关，而相关性在非 EMR 组中表现出微不足道甚至是负向的，说明在非 EMR 群体中不存在这种关系，因其县级单位表现为户籍人口的流失。从而我们可以推断，作为投资和开发的最佳区域，EMR 被集聚的经济活动（特别是那些工业活动）所侵入，这些活动超过了现有城市地区及其周边的活动容量，因此必须延伸或过度蔓延到"偏远的农村地区"。因此，在非农业经济活动严重侵入"偏远农村地区"的情况下，EMR 内的非农业土地使用呈现出一种特殊的分散形式。这可以通过农村地区的转型与 EMR 土地利用分散之间的正相关来进一步证明。

表 4-7 和表 4-8 显示 LUD00（土地利用分散）与 EMR 组和非 EMR 组中的 DEN（人口密度）、NMR（净迁移率）、POPC（人口变化）、AUFDI（地均实际利用外资）、IFA（地均固定资产投资）和 IND（工业总产值 /GDP）正相关。在城市集聚增长的区域，LUD00（土地利用分散）也与 DCC（到中心城市的最近距离）负相关。LUD00（土地利用分散）与 EMR 组中的 MTL（外来人口 / 本地人口）、NAGDP（非农 GDP 比重）、NAE（非农就业比重）和 2NDE（二产就业比重）呈正相关，但非 EMR 组中的关系为负相关。这反映出，在非 EMR 区域，县级单元经济的非农转化越彻底、吸引越多的外来人口，土地的分散度越低。而与之相反，在 EMR 区域，随着县级单元的非农转化，土地利用更加分散。因此，分散的土地利用也正是 EMR 作为区域性城市转化的一个独特特征。

表 4-5　EMRS 所有县级单元的相关分析矩阵（116 个样本）

	NMR	DEN	MTL	POPC	IFA	AUFDI	NALUC	DCC	RD	UL	NAE	2NDE	3RDE	NAGDP	GDPPC	IND
DEN	0.649															
MTL	0.908	0.667														
POPC	0.844	0.652	0.821													
IFA	0.515	0.801	0.531	0.495												
AUFDI	0.734	0.797	0.761	0.655	0.716											
NALUC	0.444	0.343	0.392	0.317	0.294	0.47										
DCC	-0.55	-0.307	-0.467	-0.418	-0.198	-0.476	-0.124									
RD	0.486	0.648	0.561	0.522	0.585	0.631	0.296	-0.201								
UL	0.693	0.767	0.8	0.72	0.74	0.772	0.282	-0.329	0.651							
NAE	0.842	0.712	0.87	0.718	0.598	0.775	0.385	-0.426	0.514	0.792						
2NDE	0.811	0.515	0.773	0.652	0.405	0.649	0.431	-0.483	0.379	0.576	0.906					
3RDE	0.595	0.711	0.713	0.567	0.66	0.684	0.187	-0.203	0.556	0.837	0.805	0.486				
NAGDP	0.694	0.594	0.695	0.604	0.587	0.747	0.349	-0.483	0.538	0.661	0.753	0.738	0.525			
GDPPC	0.056	0.199	0.122	0.105	0.236	0.223	0.114	0.137	0.038	0.225	0.298	0.224	0.299	0.296		
IND	0.52	0.467	0.539	0.481	0.527	0.655	0.278	-0.351	0.545	0.607	0.518	0.5	0.407	0.621	-0.081	
EXP	0.624	0.494	0.691	0.531	0.461	0.673	0.28	-0.429	0.469	0.591	0.671	0.622	0.505	0.582	0.202	0.481

注：数据来源：作者计算所得。

表4-6 非EMRS所有县级单元的相关分析矩阵（139个样本）

	NMR	DEN	MTL	POPC	IFA	AUFDI	NALUC	DCC	RD	UL	NAE	2NDE	3RDE	NAGDP	GDPPC	IND
DEN	0.58															
MTL	0.372	0.301														
POPC	0.559	0.677	0.306													
IFA	0.641	0.826	0.526	0.524												
AUFDI	0.583	0.739	0.4	0.487	0.781											
NALUC	0.128	0.194	0.187	0.137	0.199	0.178										
DCC	0.006	0.035	0.242	0.06	-0.017	-0.15	0.101									
RD	0.307	0.493	0.244	0.258	0.581	0.544	0.05	-0.082								
UL	0.513	0.514	0.751	0.334	0.703	0.53	0.284	0.124	0.4							
NAE	0.38	0.496	0.848	0.33	0.635	0.492	0.205	0.181	0.345	0.813						
2NDE	0.363	0.499	0.768	0.337	0.567	0.461	0.234	0.154	0.278	0.713	0.953					
3RDE	0.301	0.365	0.829	0.243	0.588	0.411	0.136	0.188	0.351	0.815	0.915	0.755				
NAGDP	0.357	0.487	0.659	0.376	0.549	0.443	0.154	0.136	0.184	0.643	0.767	0.767	0.651			
GDPPC	0.447	0.482	0.655	0.295	0.67	0.538	0.287	0.101	0.301	0.675	0.716	0.717	0.595	0.663		
IND	0.379	0.434	0.248	0.164	0.573	0.53	0.156	-0.197	0.221	0.392	0.36	0.375	0.278	0.431	0.419	
EXP	0.146	0.178	0.614	0.214	0.307	0.288	0.009	0.139	0.067	0.493	0.617	0.605	0.555	0.591	0.522	0.327

注：数据来源：作者计算所得。

表4-7 EMRS非市区县级单元的相关分析矩阵（88个样本）

	UEU	LUD00	LUDC	LUD90	NMR	DEN	MTL	POPC	IFA	AUFDI	NALUC	DCC	RD	UL	NAE	2NDE	3RDE	NAGDP	GDPPC	IND
LUD00	0.29																			
LUDC	0.194	0.401																		
LUD90	0.255	0.948	0.197																	
NMR	0.398	0.437	0.201	0.47																
DEN	0.206	0.513	0.236	0.607	0.672															
MTL	0.335	0.228	0.156	0.27	0.857	0.488														
POPC	0.208	0.314	0.016	0.339	0.873	0.616	0.768													
IFA	-0.005	0.286	0.18	0.354	0.486	0.652	0.33	0.366												
AUFDI	0.348	0.557	0.366	0.524	0.723	0.605	0.652	0.561	0.427											
NALUC	0.177	0.286	0.717	0.175	0.447	0.496	0.41	0.316	0.378	0.573										
DCC	-0.206	-0.258	-0.026	-0.3	-0.657	-0.381	-0.56	-0.529	-0.199	-0.622	-0.172									
RD	-0.041	0.193	0.2	0.201	0.395	0.449	0.417	0.363	0.273	0.382	0.351	-0.227								
UL	-0.13	0.139	0.038	0.235	0.656	0.524	0.724	0.699	0.487	0.523	0.347	-0.451	0.441							
NAE	0.635	0.334	0.155	0.374	0.835	0.573	0.827	0.727	0.393	0.662	0.397	-0.524	0.314	0.666						
2NDE	0.668	0.382	0.168	0.38	0.821	0.573	0.789	0.706	0.372	0.699	0.41	-0.532	0.326	0.597	0.967					
3RDE	0.354	0.127	0.087	0.255	0.59	0.348	0.653	0.535	0.286	0.364	0.235	-0.326	0.208	0.628	0.768	0.582				
NAGDP	0.371	0.352	0.198	-0.277	0.634	0.374	0.601	0.548	0.413	0.641	0.353	-0.535	0.371	0.5	0.66	0.731	0.299			
GDPPC	0.329	-0.069	0.07	0.068	0.023	-0.018	0.035	0.025	0.082	0.078	0.098	-0.003	-0.136	0.033	0.246	0.269	0.111	0.259		
IND	0.046	0.484	0.107	0.493	0.579	0.482	0.548	0.476	0.435	0.659	0.338	-0.458	0.493	0.594	0.512	0.523	0.335	0.64	-0.159	
EXP	0.279	0.159	-0.029	0.146	0.505	0.333	0.575	0.414	0.305	0.573	0.263	-0.517	0.397	0.446	0.56	0.588	0.304	0.496	0.059	0.502

注：数据来源：作者计算所得。

表4-8 非EMRS非市区县级单元的相关分析矩阵（117个样本）

	UEU	LUD00	LUDC	LUD90	NMR	DEN	MTL	POPC	IFA	AUFDI	NALUC	DCC	RD	UL	NAE	2NDE	3RDE	NAGDP	GDPPC	IND
LUD00	-0.357																			
LUDC	-0.035	0.337																		
LUD90	-0.29	0.947	0.298																	
NMR	-0.189	0.455	0.201	0.515																
DEN	0.012	0.62	0.366	0.7	0.452															
MTL	0.485	-0.467	-0.044	-0.37	0.112	-0.027														
POPC	-0.004	0.432	0.237	0.482	0.672	0.678	0.118													
IFA	0.003	0.425	0.385	0.491	0.533	0.767	0.222	0.583												
AUFDI	-0.042	0.391	0.429	0.463	0.438	0.601	0.081	0.426	0.625											
NALUC	-0.066	0.003	0.443	0.064	0.117	0.276	0.196	0.18	0.35	0.262										
DCC	0.249	-0.191	0.247	-0.209	0.005	0.047	0.319	0.064	0.015	-0.173	0.068									
RD	-0.069	0.234	0.152	0.249	0.184	0.349	0.009	0.163	0.48	0.403	0.19	-0.003								
UL	-0.084	-0.197	0.065	-0.099	0.316	0.291	0.623	0.322	0.438	0.249	0.418	0.206	0.202							
NAE	0.595	-0.414	0.011	-0.292	0.118	0.252	0.803	0.238	0.386	0.207	0.285	0.261	0.134	0.719						
2NDE	0.608	-0.334	0.034	-0.194	0.168	0.324	0.76	0.28	0.417	0.274	0.29	0.189	0.122	0.671	0.966					
3RDE	0.483	-0.524	-0.059	-0.459	-0.026	0.024	0.748	0.076	0.209	0.009	0.223	0.317	0.09	0.673	0.89	0.749				
NAGDP	0.401	-0.275	0.04	-0.149	0.133	0.257	0.566	0.244	0.303	0.203	0.201	0.153	-0.022	0.495	0.69	0.734	0.514			
GDPPC	0.261	-0.218	0.1	-0.029	0.298	0.306	0.578	0.303	0.503	0.364	0.391	0.106	0.127	0.542	0.644	0.699	0.424	0.64		
IND	0.048	0.236	0.135	0.335	0.287	0.389	0.069	0.222	0.487	0.46	0.215	-0.183	0.087	0.175	0.198	0.276	0.029	0.324	0.395	
EXP	0.343	-0.473	-0.107	-0.352	-0.064	-0.063	0.586	-0.019	0.058	0.085	0.026	0.183	-0.104	0.412	0.583	0.58	0.5	0.554	0.536	0.241

注：数据来源：作者计算所得。

3. 模型建立和回归分析

接下来我们将运用逐步回归的方法，进行回归分析，找出影响城市群分散的区域性集聚的最重要的因素。

（1）将净迁移率作为因变量（Y1）

如表 4-9 所示，将净迁移率作为因变量，用 11 个解释变量进行回归分析。我们所选取的自变量的作用是检测以下因素对巨型城市区域形成的贡献：（a）经济转型，针对非农 GDP 和第二、三产业部门的就业比重而言；（b）经济工业化水平；（c）经济出口导向程度；（d）城市化水平代表的集聚经济；（e）投资效应，包括国内投资和外商直接投资；（f）地方经济的非农土地利用程度；（g）邻近中心城市的地理因素；（h）交通因素。此外，虚拟变量"区域"被包含在内以调整因区域性特征水平差异带来的潜在影响。在回归分析中，具有 119 个观测值的样本符合观测值与自变量最小比率（5：1）的原则，即实际比例为 9：1（119 个观测值，12 个自变量）。

表 4-9　以净迁移率作为因变量的多元回归结果

	（1）	（2）	（3）	（4）	（5）
AUFDI	0.05***	0.03***	0.02***	0.02***	0.01*
2NDE		0.06***	0.07***	0.06***	0.06***
REG			−0.09***	−0.09***	−0.09***
DCC				−0.002*	−0.002**
UL					0.07**
cons	6.91***	6.59***	6.69***	6.77***	6.54***
R-squared	0.58	0.71	0.76	0.78	0.80
N	119	119	119	119	119

注：*、**、*** 分别表示在 10%、5%、1% 水平下显著。

在自变量中，地均实际利用外资、二产比重和城市化水平具有正的回归系数，说明巨大的外商直接投资流入、第二产业部门的发展及持续的城市化将会增加净迁移数量。距离中心城市的最近距离相对净迁移率是负的系数，说明距离衰减原理也适用于净移民。REG 相对 NMR 的负回归系数（−0.097）表明在给定方程中其他四个自变量的情况下，长三角和珠三角的不同发展阶段对净迁移的空间集聚也有一定的作用。

在表 4-10 中，回归系数（Beta）可以使我们在变量间作一个比较，以便决定它们在回归模型中的相对重要性。在我们的模型中，2NDE（二产就业比重）是最重要的，其次是 REG（虚拟变量"区域"）、UL（城市化水平）、AUFDI（实际利用外资）及 DCC（距离中心城市的最近距离）。然而，高度的共线变量会干扰到自变量的相对重要性，因此需要对多重共线性的影响进行评估。在模型中，方程式中变量的公差值范围为 0.266（AUFDI）~ 0.801（REG），VIF 值的变化范围为 1.248 ~ 3.762，说明多重共线性影响不大。尽管这些值并没有说明存在严重干扰回归变量的多重共线水平，但我们仍然有必要认真分析它们的影响。

比如，尽管实际利用外资 AUFDI 与因变量净迁移率 NMR 有高度相关性，但是在解释净迁移方面它仅是第四个重要的变量。原因在于 AUFDI 与 UL 高度相关（r=0.772，P<0.001），将 UL 加入到模型中减少了 AUFDI 对净迁移率的贡献作用。从 AUFDI 的公差值 0.266 和 UL 的公差值 0.338 中也可以很明显地看到这一点。此外，根据相关性矩阵，我们可以知道，包括 EXP、NAGDP 在内的其他自变量也和净迁移率高度相关（高于 0.6）。但是由于它们与 AUFDI 具有高度相关性（前者为 r=0.673，P<0.001，后者为 r=0.747，P<0.001），因而没有在方程中出现，所以它们除了与 AUFDI 共享解释力外，基本没有单独的解释力。

总之，（1）在当期，以二产就业比重衡量的工业化的拉力作用对巨型城市区域净迁移的空间集聚所做出的贡献最大，远远高于以三产就业比重衡量的第三产业化；（2）外商直接投资流入有利于巨型城市区域净迁移的集聚，独立于工业化、城市化和邻近市中心的地理优势等因素，并且比地均固定资产衡量的内资更重要；（3）代表集聚经济的城市化对巨型城市区域内县级单元的净迁移的空间集聚也具有独立贡献作用；（4）传统的地理因素，即距离市中心的最近距离（DCC），也独立地解释了巨型城市区域的空间集聚，比由每平方公里的公路长度（RD）衡量的传统交通因素和由非农土地利用变化（NALUC）衡量的土地有效性更重要。

（2）将低度城市化率作为因变量（Y2）

用低度城市化率作为因变量，我们可以分析巨型城市区域内城市和乡村之间的不同的就业情况。如 4-10 表相关性矩阵所示，在调整了潜在的区域性差异后，低度城市化率与二产就业比重高度相关（r=0.668，P<0.001），因而它与地方经济的非农转型也高度相关（r=0.635，P<0.001）。

此相关性说明"遥远的乡村地区"融入到巨型城市区域内是第二产业发展的重要结果。进一步讲，在巨型城市区域内，某个县的工业化发展越迅猛，就会有更多的"遥远的乡村地区"得益于这一发展。这一结果进一步证实了麦吉（1991）的结论，即欠发达国家的工业化不一定非要是城市型的，而是伴随着它的工业化进程，可以以区域为基础发展，这和我们的假设框架也是一致的。毫无疑问，巨型城市区域内高度密集的工业发展使得工业扩张到"遥远的乡村地区"是必然的，因为在城市边缘地区和"遥远的乡村地区"可以节约成本，并且有大量的可利用土地，吸引当地厂商及外商企业在这里选址。

基于对第二产业这种作用的认识，将 UEU 作为因变量的回归分析目的在于检验诸多其他因素的相对重要性，包括人口集中度（NMR），人口转移（MTL），与 GDP 相关的经济转移（NAGDP），与第三产业部门相关的当地发展的拉力作用（3RDE），经济的出口导向程度（EXP），当地经济发展水平（GDPPC），投资（AUFDI 与 IFA），距离市中心的最近距离（DCC），以及区域差异（REG）。在回归中，观测值与自变量的数量比为 10：1（119 个观测值，11 个自变量），符合最小比率要求。

表 4-10　以 UEU 作为因变量的回归模型概要

	（1）	（2）	（3）	（4）
REG	13.48***	16.83***	18.25***	14.99***
NMR		48.20**	47.39***	64.10***
GDPPC			7.68***	8.17***
IFA				−2.60**
cons	−7.12	−348.37**	−401.39***	−501.09***
R−squared	0.15	0.28	0.37	0.43
N	91	91	91	91

注：（1）除 UEU 和虚拟变量 REG 外，所有变量都进行了对数转化。（2）*、**、*** 分别表示在 10%、5%、1% 水平下显著。

具有四个自变量（REG、NMR、GDPPC 和 IFA）的最终回归模型在
42% 的程度上解释了低度城市化率 UEU 的变化。

在解释变量中，NMR 和 GDPPC 有正的系数，意味着更多的净迁移和
更良好的地方经济表现可以促进"遥远的乡村地区"的经济转移。然而，
固定资产投资（IFA）却呈现出负相关，原因在于大多数固定资产投资都集
中于城市地区。REG 正的系数表明，在给定方程中其他四个自变量的情况
下，长三角和珠三角内不同的发展阶段对"遥远的乡村地区"的发展也是
有一定促进作用的。

在表 4-10 中，回归系数（Beta）可以使我们对变量作一个比较，以此
来确定它们在回归模型中的相对重要性。在我们的模型中，NMR 是最重要
的，其次是 REG、GDPPC 和 IFA。回归方程中变量间的公差值范围为 0.564
（IFA）~ 0.977（GDPPC），是一个小的多重共线性的影响范围。同样，VIF
的变化范围为 1.023 ~ 1.772。这些值表明多重共线性水平很低，不需要改变
回归变量。如相关性矩阵所示，尽管其他自变量，如 MTL（0.335）、AUFDI
（0.348）、3RDE（0.354）、NAGDP（0.371）及 EXP（0.279）与低度城市
化率 UEU 也是相关的，但由于它们与 NMR 的相关性很高（分别为 0.857、
0.723、0.590、0.634、0.505），因此这些变量的效用并没有在回归模型中独
立体现出来。

从以上分析中我们可以看出，用净迁移率（NMR）表示的空间集聚在
解释"遥远的乡村地区"的独特发展方面是最重要的。一个地区集聚程度
越高，"遥远的乡村地区"实现经济发展的机会越多，因为指定的都市区
土地短缺，无法满足集中发展的要求和大量非农用地的需求。此外，人均
GDP 呈现的正的相关性表明良好的地方经济表现有利于促进"遥远的乡村
地区"的转型。然而，固定资产投资所代表的国内投资，一般都在城市或
城市边缘地区，对巨型城市区域内的"遥远的乡村地区"的发展具有负的
影响效应。

（3）以 LUD00 作为因变量（Y3）

这部分将用 LUD00 作为因变量，来解释巨型城市区域内独特的城乡混

杂的土地利用特征。

由于 NMR 与 POPC 和 MTL 具有高度的相关性（与 POPC 相关度为0.873，与 MTL 相关度为 0.857），POPC 和 MTL 将不包括在回归中。UL，GDPPC 和 EXP 与 LUD00 显著不相关，因而也被排除在外。因此，一共有13 个自变量被用来分析巨型城市区域内土地利用分散度的状况。在回归分析中，7∶1 的比值（91 个观测值，13 个自变量）满足观测值与自变量的最小比率（5∶1）的要求。

表 4-11　以 LUD00 作为因变量的回归模型结果

	（1）	（2）	（3）
DEN	0.17***	0.15***	0.08*
REG		0.05***	0.10***
AUFDI			0.02*
cons	−0.26**	−0.31***	−0.21**
R-squared	0.30	0.36	0.45
N	91	91	91

注：（1）除虚拟变量"区域"外，所有变量都进行了对数转化。（2）*、**、*** 分别表示在10%、5%、1% 水平下显著。

具有三个自变量（DEN，REG 和 AUFDI）的最终回归模型在 45% 的程度上解释了土地利用破碎度的变化。

所有自变量，即 DEN 和 AUFDI，都有正的回归系数，意味着更高的人口密度和更多的外资流入可以导致土地利用更加分散。REG 的正回归系数（0.098）表明在给定方程中其他两个自变量的情况下，长三角与珠三角不同的土地利用水平对 LUD00 的变化有促进作用。

回归系数 beta 表明（表 4-11），除了潜在的区域差异，实际利用外资额在促进土地利用分散度方面是最重要的因素，其次是人口密度。在我们的模型中，方程式中变量间的公差范围为 0.516（AUFDI）~ 0.611（REG），VIF 值的范围是 1.635 ~ 1.937，表明多重共线性水平很低。据相关性矩阵所示，其他自变量 NMR、IFA、NALUC、DCC、2NDE、NAGDP 和 IND 与LUD00 也相关，但除了与 AUFDI 共享解释力外，几乎不具备单独的解释力。

另一个衡量土地利用分散度的方法是土地利用分散度变化。1990-2000年珠三角和长三角非市县的土地利用分散度变化与 DEN 和 AUFDI 也有正相关关系（前者为 r=0.236，P=0.025，后者为 r=0.366，P<0.001），进一步支持了我们将 LUD00 作为因变量的回归模型的回归结果。通过对比分析，我们知道 LUDC 与其他指标（除了非农土地利用变化）间的相关关系是不显著的。

在本节中，我们通过简单相关性分析和多元回归分析，将净迁移率（NMR）、低度城市化水平（UEU）和土地利用分散度（LUD00 和 LUDC）作为因变量解释了 EMR 分散的区域聚集趋势。

结果发现，净迁移率（NMR）主要受 FDI 流入，城市化和第二产业发展的影响。同时它还与核心城市的距离有关，表现出一定的距离衰减规律。因此，在巨型城市区域内，外资是吸引人口迁入的最重要影响因素；此外，传统的集聚经济仍然在吸引人口方面发挥着作用；而与核心城市的距离也是影响 EMR 空间集聚和分散的一个重要因素。

"更远农村地区"的非农业转化（UEU）为因变量的回归分析表明，UEU 与净迁移率（NMR）和当地经济的表现有关（即人均 GDP 正相关），但是与固定资产投资负相关。以上结果表明，EMR 中"更远农村地区"作为最受欢迎的投资地点，其发展往往受到附近农村区域的集聚程度以及当地经济发展水平的影响，而固定资产投资往往主要投向城市，对于乡村地区的发展起的是负向作用。

土地利用分散度（LUD00 和 LUDC）作为 EMR 的一个独特标志，与人口密度和 FDI 流入相关。简而言之，EMR 作为工业化生产平台，它分散的区域集聚的空间格局是在全球力量（FDI 流入）和地方力量（如人口密度）综合作用下形成的。

为了更好地理解 EMR 分散性集中趋势，我们查阅了已有文献著作。发现过去 10 年中 EMR 中经济活动呈现分散性聚集的趋势可归因于以下几个因素：

首先，由于国际运输优势，完善的基础设施和熟练劳动力，主要港口城市及其周边地区已成为最受欢迎的国内外投资选择地点，因此 EMR 及其城市以外的农村地区已经高度参与到了全球经济发展中。尤其是与传统城市相比，交通便利的乡村地区的第二产业部门获得 FDI 的机会更大。

其次，完善的通讯设施有利于劳动密集产业活动在更大的区域范围内进行，从而形成区域聚集，而且集聚的区域规模通常远远超出大都市区的核心城市和主要城市，表现为地理上分散连续（McGee，1999）。

第三，进行大规模生产往往需要大面积的土地。因此，全球市场中的生产者更多地关注土地的面积和其是否廉价，而同时满足这些要求的土地一般只有乡村地区而不是核心城市或传统城市地区（Webster，2002）。

第四，分散的农村管理体制和缺乏有效的土地使用制度以及农村当地政府的亲商态度和政策为乡村地区提供了一个有吸引力的政策环境（Webster，2002）。

最后，新的全球生产所依赖的前乡镇企业已经在空间中广泛蔓延并且很难再将它们集聚起来（Webster，2002）。

第五章　中国内陆城市群的发展特征及其动力机制研究

——以长株潭为例[①]

---

① 本章原文已发表于《城市发展研究》2014 年第四期。

几个世纪以来城市群的发展都备受关注，其焦点也从发达国家的城市群逐渐转移到欠发达国家的新兴城市群。许多类似的研究表明，全球化已经成为欠发达国家沿海地区城市区域形成的重要因素之一，如中国沿海的珠江三角洲区域。然而，随着中国国内需求策略的提升，尤其是 2008 年国际金融危机之后，在中国中央政府和地方政府的规划和积极推动下，中国内地出现了新的城市群。我们期待这些区域新的生产空间与旧世纪其他地方出现的生产空间有所不同。那么中国内地的社会、经济、政治空间组织及区域城市化的驱动力是什么？是否有必要成为全球力量？中国内地的工业化和城市化是否呈现出与传统城市群相似的特征？基于这些思考，我们开始中国中部出现的城市群的个案研究。

本章和下章分别以长株潭城市群和武汉城市群为案例，考察了这些新形成的城市群的特定功能及其成长机理。并且通过固定效应模型进行动力机制分析，本章和下章旨在加深对嵌入了本土力量的中国新型城市化趋势的理解，如在中国向主要的全球经济体过渡的背景下强调国内需求的国家新发展策略。

在信息技术革命的影响下，全世界的经济相互依赖，生产和消费在全球范围内扩散（Castells，1993）。然而，从空间角度讲，全球经济有普遍集聚趋势，尤其转向了城市群。这个区域的有效边界已经延伸至 100 千米，超出了官方和统计学上的关于大都市区的定义（McGee，1992；Scott，2001，2003）。从 1970 年到 2012 年，世界上拥有 1000 万及以上人口的城市群的数量从 2 个增加到了 26 个，其中发展中国家包含了 18 个，亚洲占了 11 个。根据联合国（2004）所示，2030 年以前这一趋势还将会持续下去。密集的人口、广阔的空间范围以及飞速的经济发展，使得中国城市群尤其引人注目。它们中每个都超出了戈特曼在 1961 年提及的特大都市区的范围（Gottmann，1961）。近年来，这种人口和生产尤其是制造业的高度集中对中国的人口、资源和环境带来巨大的挑战（Sit，2001；Scott，2001）。

在过去的数十年中，中国城市群的研究已经取得了相当大的进步。早期关注的是城市群的机遇、意义及形态学的特征（Zhou，1991；姚士谋，1992；Sit and Yang，1997；吴启焰，1997；Zheng，2009）。顾朝林等（2000）采用了大都市带的观点来解释它们的形成。他们认为中国城市群是沿着交通走廊发展的经济上具有紧密联系的区域。20世纪80年代Sit and Yang（1997）在珠江三角洲的研究中认为外部力量，尤其是外商直接投资，是中国城市群发展的新的驱动力量。此类城市区域是基于大量的低成本、低技术劳动力和廉价土地成本的以出口为导向的劳动力和资源密集型的工业化推动形成的。生产成本和管制宽松的乡村地区因此取得了快速的发展。区域城市化呈现出"自下而上"的过程，其他类似的国内研究也表明这种城市化过程是在国家政策鼓励下由地方政府和乡村社区发起的（阎小培、郭建国、胡宇冰，1997；崔功豪、马润潮，1999）。

然而，在国际金融危机和全球气候变化的影响下，中国越来越意识到内需发展和"低碳"经济的重要性。同时为了实现更为均衡的经济发展，在中央和地方政府的规划下，中国中部形成了几个新的城市群。它们被赋予了国家对该地区不以牺牲能源和环境为基础并能够保持快速经济增长的发展模式的期待（方创琳，2009）。虽然目前对内陆地区城市群的研究越来越多，如李洪涛（2008）利用因子分析、灰色关联分析和多元回归分析等定量分析方法，得出成都都市圈形成和发展的动力机制是经济、科技、交通、人口和政府等因素的推动；汤放华（2009）认为市场经济、空间竞争、规划调控以及产业升级与空间转移是长株潭空间结构演化的主要机制。但是这些研究并未全面揭示其在人口、产业、空间方面本质特征和机制，特别是其与沿海地区的差异。本文以长株潭为例，通过实证研究试图揭示出中国中部地区在2000年后与1980-2000年间沿海地区外商直接投资驱动、出口导向型的城市化不一致的发展模式。

一、长株潭城市群发展概况

长株潭城市群（以下简称长株潭）为研究 21 世纪中国内陆地区城市群的发展提供了一个独特的、崭新的例子。长株潭位于中国中部湖南省，是联系中国北部、沿海和南部的重要枢纽（图 5-1）。在 1980–2000 年期间长株潭经济远远落后于沿海地区，是主要的人口迁出地之一。近年来长株潭被中央政府指定为"中部崛起"战略的一部分，并成为国家新的"两型社会"（资源节约和环境友好）的试验区域，力求减少中国区域差异，提高经济竞争力和环境条件（苏昌贵、魏晓，2006；陈群元、宋玉祥，2011）。2000 年之后，长株潭在国家的大力支持下经济增长速度显著提高。从政治经济学的角度来看，长株潭不仅为环境保护策略提供了试验基地（刘志彪，2012），而且为探求由 2008 年国际金融危机后出口需求下降导致的国内力量提供了有价值的研究基地。因此，对"先锋"区域的形成机制和发展特征的研究为中国内陆地区甚至全球力量日渐萎缩的其他发展中国家的区域发展有着重要的借鉴意义。

2006 年长株潭被国家列为促进"中部崛起"重点发展的城市群之一。规划区域包括长沙、株洲和湘潭三个核心城市，以及岳阳、常德、益阳、娄底和衡阳五个外围城市，简称"3+5"。该区域占地面积为 99600km²，2010 年人口有 4073 万，生产了 1.26 万亿元 GDP。它由 8 个地级城市、12 个县级市、28 个县和 24 个市辖区构成，是湖南省社会、经济、文化、教育和技术的中心（如图 5-1）。

2010 年，地方 GDP 为 1.26 万亿元，拥有人口 4073 万，它拥有全省 57% 的人口和 47% 的土地面积，2010 年该城市群创造了全省 78% 的 GDP、90% 的工业增加值、72% 的服务及 84% 的出口（表 5-1）。与此同时，它集聚了全省 84% 的固定资产投资和 78% 的实际利用外资投资额。第一、二、三产业比重为 11∶52∶37。处于中国重工业强省内，长株潭地区工业以机械、电子、熔化、纺织、食品、化工、医药和出版为主。

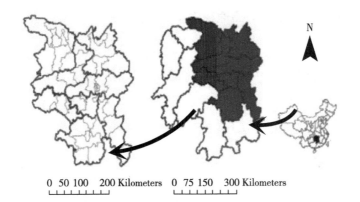

图 5-1　湖南省长株潭区域地图

表 5-1　2010 年长株潭的经济指标及其占湖南省的百分比

类别	人口 （万人）	土地面积 （km²）	GDP （亿元）	第二 产业	第三 产业	固定资产投 资（亿元）	实际利用外资 额（万美元）	出口 （万美元）
总量	4008.16	96540	12558	6491.75	4622.95	8266.05	407830	667955
占湖南省 比例（%）	56.5	46	78.3	88.4	72.6	84.2	78.7	84

数据来源：湖南省统计年鉴 2011。

二、内陆城市群发展的新特征—长株潭为例

　　长株潭城市群表现出以下几个不同于沿海城市群的发展特征：（1）近年来，以长株潭为首的内陆城市群经济高速发展，相比外资驱动下的沿海地区城市群，国内力量驱动特征明显；（2）伴随着经济高速发展，长株潭地区产业结构急遽变迁，而这一过程主要是由产业园区发展引领的；（3）与沿海地区城市群外来人口为主快速城镇化过程不同，长株潭地区表现为以当地人口为主的适度城镇化；（4）在空间上，沿海地区城市群向主要大城市及其周边地区集聚，而长株潭地区则表现为沿主要高速铁路的区域空间模式。

1. 国内力量驱动下的高速经济发展

自从 2000 年以来，长株潭的经济经历了飞速的发展（如图 5-2）。地区 GDP 年均增长速度从 1990-2000 年的 11% 增长到 2000-2010 年的 13%（2010 年更是达到 15%，远远高于全国平均水平）。人均 GDP 在 2000-2010 年期间也涨了接近 4 倍（从 6607 元到 31333 元）。长株潭在 2000 年以来加速的经济增长是内部力量和外部力量共同作用的结果。

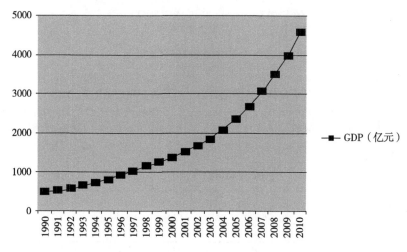

图 5-2　1990-2010 年长株潭 GDP 变化（以 1990 年为可比价）

中国沿海地区大量的资本流入刺激了长株潭经济的快速增长。2010年，长株潭吸引了 1210 亿元国内直接投资（从中国其他省份转移来的投资），几乎是 2002 年（120 亿元）的 10 倍。这些资金主要投资于劳动密集型产业，也就是电子数码、食品加工、纺织品和服装（贺胜兵、周华蓉、荣婉琪等，2011）。就这些投资的来源而言，广东、北京、浙江、上海和福建占了全部的 70% 以上。这些投资大约占了固定资产总投资的 20%。相比之下，2002-2010 年期间实际利用外资也有所增加（80600 万 –407800 万美元），远低于国内投资额，在固定资产中的比重也从 9% 下降至 4%。这与沿海地区明显不同，例如，珠三角在 1990-1993 年期间固定资产投资中 FDI 的份额从 1980 年的 7% 增长到 35.5% 左右（Sit and Yang, 1997）。

随着加工贸易产业转移到该地区，长株潭的出口自 2002 年以来呈现出了显著的增长（图 5-3）。出口额从 1990 年的 496 百万美元增加到 2010 年的 6680 百万美元，年均增长速度为 15.5%。然而，单位 GDP 却从 1995 年的 88 美元 /10000 元下降到了 2010 年的 50 美元 /10000 元，均远低于国家的平均水平（245 美元 /10000 元和 393 美元 /10000 元）。与之相反，沿海地区在其工业化进程中，单位 GDP 出口急剧增长并超过中国的其他地区。可见与沿海地区相比，似乎国内力量是内陆地区 2000 年之后经济迅速增长的主要来源。

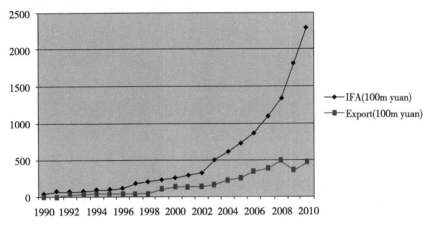

图 5-3　1990-2010 年长株潭出口和固定资产投资的变化

2. 产业园区发展引领下的结构转变

伴随着经济发展的进程，长株潭经历了巨大的结构转变。从 GDP 构成来看，第一产业的比重急剧下降，第二产业和第三产业呈现上升趋势。2000 年后第二产业呈现加速态势，其中工业增长最快，从 1990 年 560 亿元增长到 2010 年 15150 亿元，年均增长速度为 11.5%。2000-2010 年年均增长速度达到 22.8%，远高于国家平均水平 17.5%（图 5-4）。

在工业结构中，重工业构成了长株潭的主要部门，它们面对的市场主要是国内市场。2010 年，该区域的重工业部门产出约占总工业产出的 70%。长沙、株洲和湘潭以先进制造业闻名。长沙工程机械产出占据了国家总产出的四分之一。三一、中联重科、山河智能集团三个企业生产的产品占领了国家市场价值的三分之二。株洲被认为是"中国电子机车的摇篮"，它拥有中国电子机车行业最大的制造商，也就是株洲电子机车公司。连同联诚集团、九方装备总公司、中国铁路轨道公司，他们在国内市场已经形成了一个有影响力的运输工程中心。湘潭率先进行工程机械设备的制造，由新天和公司生产的静力压桩机占了国内市场的 15%。与 20 世纪 90 年代，沿海地区采用"村村点火、户户冒烟"的方式进行工业活动相比，长株潭的工业活动主要集中在由中央政府和地方政府批准设立的开发区内。自 1988 年湖南省第一个开发区在长沙建成后，长株潭拥有了超过 50 个省级以上的开发区，达湖南省开发区总数的 64%，占长株潭建设用地（448km²）的 56%。长株潭制造业部门中约 40% 外商直接投资和 50% 的国内直接投资集中在开发区，创造了该地区 50% 的工业产出。这种集聚现象与湖南省以重工业为主要产业部门密切相关。重工业是一种需要大规模设备、大量资本及高素质工程师和技术工人的技术密集型工业类型。它还需要大面积土地、通达的交通和充足的水电。与此同时，它产生了大量的废弃物，带来了严重的环境污染。基于相对良好的区位、土地利用和税收优惠政策以及集聚经济，开发区是能够满足上述需求并控制污染排放的最好的空间组织模式。

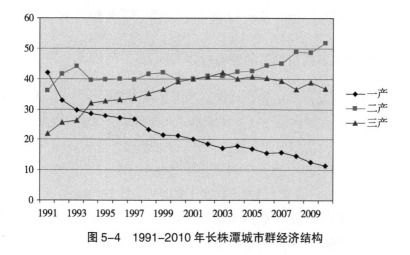

图 5-4　1991-2010 年长株潭城市群经济结构

3. 以当地人口为主的适度城市化

与快速的经济增长和巨大的结构转变相比，2000 年以来长株潭的城市化仅呈现了适度的增长。1990-2000 年城市化水平增长了 9%（22%-31%），2000-2010 年城市化水平增长了 17%（31%-48%），尽管相对于前者而言，后者有了更快的增长，但是 2000 年后居住在城市的人口却只有微小的增加，年均增长速度在 1990-2000 年和 2000-2010 年间为 4% 和 5%。该现象形成的原因之一可能是大量乡村人口迁移向沿海地区寻找工作机会。据统计 2010 年超过 700 万的人口流出湖南省[①]，其中 78% 移到了广东[①]。然而，随着 2008 年"金融海啸"和内陆省份的发展及沿海地区经济的放缓，人口流动方向发生了变化。据估计，2008-2009 年间大约有 280 万的流动工人返回到了湖南省[②]。他们返还湖南省一方面是因为沿海地区渐减的工作机会、不公平的工作待遇及恶劣的生存条件，另一方面是因为产业转移和新的政策环境给家乡带来的发展机会。60% 以上的被调查者选择了在长株潭寻找工作。与 2010 年在长株潭城市登记的 670 万的就业劳动力相比，"回流"人口将成为长株潭劳动力的一个重要组成部分。在长株潭，除了 1998 年，整个期间来自外省的流动人口不足常住人口的 0.5%。这与沿海地区显著不同，20 世纪 90 年代到乡镇企业寻找就业机会的低技术流动人口构成了沿海地区劳动力的重要组成部分。

表 5-2　1990、2000、2010 年各行业就业情况

	1990	2000	2010
总数	3158.42	3577.58	3982.73
制造业	458.98	677.46	608.99
交通、仓储和邮政	65.23	98.55	165.44
金融	10.56	15.08	24.96
科学研究和技术服务	5.38	5.84	13.76

数据来源：1991、2001、2010 年湖南省统计年鉴。

---

① 湖南农民工总人数超千万，http://www.chinadaily.com.cn/dfpd/hun/2011-01/21/content_11894088.htm（2011/12/21）。

② "280 万农民工回乡"报道之一 追寻回流农民工的脚步．http://hn.rednet.cn/c/2008/11/21/1641458.htm（2012/3/7）。

另一个可以解释城市人口适度增长的原因是，正如许多研究所示，城市化可能不是工业化的必然结果。如前所述，工业结构主要基于拥有高素质工程师和技术工人等技术密集型的重工业，技术进步通过提高生产力减少了对劳动力的需求，因此，在 2000-2010 年期间制造业劳动力从 677 万减少到 609 万人（表 5-2）。而服务部门在此期间吸收了越来越多的劳动力，尤其是交通、邮政业、金融及科研与技术服务。所以，尽管 2000-2010 年期间长株潭的经济增长得较快，但是它的就业和城市化却保持了适度的增长。

4. 高速铁路带动下基于区域的空间模式和过程

从空间上讲，长株潭巨大的经济增长，也就是工业增长，集中在区域的东部，靠近沿海地区和沿着高速铁路和高速公路的次级县区（图5-5）。工业产出增长最快的地方在接近广东省的炎陵县，其次是宁乡、岳阳、浏阳、临湘、耒阳和株洲，其 2000-2010 年增长倍数已经超过了 30倍。它们的分布大多数沿着高速铁路，包括运行中的武广高铁和正在建设中的沪昆高铁。除了武广高铁外，京广高铁（北京—广州）和正在建设中的沪昆高铁（上海—昆明）也将通过湖南长沙。为此，世界 500 强公司联合利华因其低生产成本和分配成本，选择长沙市宁乡县作为另一个生产基地，用以连接上海的研发中心和广州的生产中心。与此同时，工业产出的快速增长并没有发生在原来的中心市区，而是发生在市区周围的县域。长沙的宁乡和浏阳增长率高于 36%，而长沙市区的增长率仅有 7%。同样，株洲县和湘潭县工业产出大约增长了 6 倍，是株洲和湘潭市区的 2 倍。其他市区如岳阳、株洲、长沙和常德的市区也都呈现低增长率。这和我国沿海地区的城市群的研究结果是一致的，这些地区的周边区域因相对低廉的土地成本、劳动成本和相对宽松的管制而实现了快速的增长，但是与长株潭沿着主要交通线路集聚不同的是，沿海地区城市群向主要大城市及其周边地区集聚。

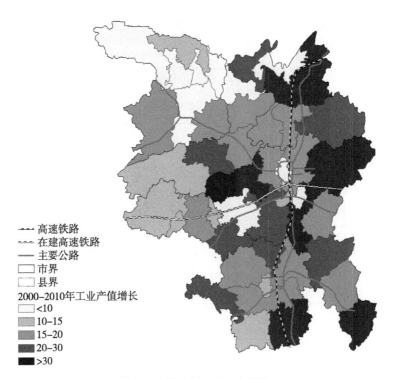

图 5-5　长株潭工业产出增长

三、长株潭城市群发展的动力机制分析

为了解释近年来长株潭地区的城市转型，面板数据分析旨在鉴定影响因素及其相关重要性。在本章的分析中，每个地区的工业产出被选作因变量以体现长株潭地区最突出的城市转型。八个指标分别从各自的角度反映了其在区域形成过程中的作用：（1）人口集中度；（2）以人均国内生产总值衡量的经济购买力或者说内需；（3）出口导向型经济；（4）城市化水平所反映的集聚经济；（5）投资，包括内资和外资两部分；（6）运输条件。这些指标的选取基于广泛的城市群文献的回顾、定量的假设分析和专家判别法。本研究使用了长株潭八个市的 1990-2010 年的数据（表 5-3）。

面板数据通常使用固定效应或随机效应模型分析。这两者的关键区别是不可观测的个体效应（ai）是否包含与个体相关的因素。如若是，则适合用固定效应模型（Green，2008，pp.183）。通过 Hausman 检验，我们发现这二者相关性显著，因此本研究将采用固定效应模型。其基本原理是每个市都有各自的特征，可能会给预测变量带来偏差。这个模型可以在 Stata 软件中运行。

表 5-3　数据变量

维度	变量	代码	计量单位	数据来源	年份
人口	1 人口密度	DEN	人 /km2	1	1990–2010
	2 人口变化	POPC	%	1	1990–2010
经济	3 人均 GDP	GDPPC	元	1	1990–2010
	4 出口 /GDP	EXP	万美元 / 亿元	2	1992–2010
投资	5 实际利用 FDI/km2	FDIPA	美元 10000/100 百万元	2	1991–2010
	6 人均固定资产投资	IFAPC	%	2	1990–2010
城市化	7 城市化水平	URB	%	1	1990–2010
交通运输	8 货运 /km2	CTPA	吨 /km2	2	1991–2010

1=1991–2011 年湖南省统计年鉴；
2=1991–2011 年中国城市统计年鉴。

固定效应模型公式为：

$Yit = \beta 1Xit + \alpha i + uit$

其中：

- αi（i=1⋯.n）表示每个个体或部门的未知截距〔n 个实体（部门）——特殊截距〕；
- Yit 是因变量（其中 i 代表个体，t 代表时间），
- Xit 代表每个自变量，
- $\beta 1$ 是自变量的系数，
- uit 是误差项，

这个方法最重要的一个步骤是检验异方差性、自相关性和组间相关性。检验证实了固定效应模型存在着异方差性、自相关和组件相关[1]。通过

---

[1]　异方差的似然检验结果（LR chi2（8）= 93.94, Prob > chi2 = 0.00），组间相关的 Breusch–Pagan LM 检验结果（chi2（28）= 215.295, Pr = 0.00），自相关的 Wooldridge 检验结果（F（1，7）=11.352, Prob > F = 0.012），显示了异方差、组间相关和自相关的存在。因此我们通过 FGLS 方法对固定效应模型进行修正。

利用 FGLS 修正，最终的固定效应模型如表 5-4 所示。各个自变量之间的相关系数显示 FDIPA 与 IFAPC 有很强的相关性。为了解决多重共线性的问题，我们建立两个模型以分开这两个自变量。两个模型的 Wald 检验的 P 值都小于 0.05，表明两个模型是显著的。在 FDIPA（单位面积 FDI）没有进入模型的前提下（模型 I），只有 DENS（人口密度）、GDPPC（人均 GDP）、IFAPC（人均固定资产投资）和 CT（交通）是显著的。在 IFAPC（人均固定资产投资）没有进入方程的前提下（模型 II），只有 GDPPC（人均GDP）、FDIPA（单位面积 FDI）和 CTPA（交通）是显著的。可见，人均GDP 和交通在两个模型中都起了至关重要的作用。以固定资产投资来衡量的内资和外资对工业产值的影响在两个模型中也分别是显著的。而推动我国沿海地区经济发展的出口在两个模型中都不显著。

表 5-4　长株潭 FGLS 模型回归结果

	模型 I			模型 II		
	Correlation: common AR（1）coefficient for all panels（0.7381） Wald chi2（8）= 1927.61 Prob > chi2 = 0.0000			Correlation: common AR（1）coefficient for all panels（0.9282） Wald chi2（8）= 786.91 Prob > chi2 = 0.0000		
INDPA	Coef.	Std. Err.	P>ltl	Coef.	Std. Err.	P>ltl
DENS	0.09	0.036	0.013	0.039	0.034	0.255
POPC	0.001	0.002	0.536	0.003	0.005	0.564
URB	−0.012	0.01	0.242	−0.03	0.018	0.087
GDPPC	0.341	0.038	0.000	0.824	0.047	0.000
NAGDP	−0.004	0.007	0.580	−0.005	0.011	0.638
EXP	0.009	0.01	0.336	−0.003	0.01	0.768
FDIPA				0.074	0.031	0.019
IFAPC	0.623	0.029	0.000			
CTPA	0.067	0.015	0.000	0.112	0.018	0.000
_cons	0.058	0.046	1.27	0.054	0.057	0.344

来源：著者计算所得。

在表 5-4 中，系数是被标准化了的，便于我们进行变量间的比较，来确定其在回归模型中对因变量的相对重要性。标准化系数越大表示该自变量与因变量之间有较高的相关度。模型 I 中，固定资产投资对工业产值的影响是最大的，其次是人均 GDP、交通、人口密度。这表明由固定资产投资反映的国内投资对工业实力增长的贡献度最大（0.623），由人均 GDP 反映的国内需求更加重要（0.341），由货物运输量反映的交通运输条件也发挥了至关重要作用（0.061）。模型 II 中，人均 GDP 对工业产值的影响是最大的（0.824），其次是交通和外资（0.112 和 0.074）。可见，在长株潭，内资和内需对经济的发展起着更为至关重要的作用。外资虽然对该地区起着越来越重要的作用，但在目前阶段还是没有内需以及交通的作用显著。因此，在交通运输条件不断完备的情况下，长株潭已经成为国内投资和国内市场的主要生产基地。

结果证实了国内投资是长株潭地区城市转型最重要的因素的论点。我们也可以推断出内陆地区发展的进一步解释，如下：（1）通讯技术的发展促发了城市区域的形成（Castells，1993；Sit and Yang，1997）。（2）在后2000 时代，中国一直强调国内市场，伴有大量的基础设施建设需求的新一轮工业化正在进行中（肖明、顾敏，2009；Chen，2010），长株潭地区成为国内市场中装备制造业和电子工程业最受欢迎的生产基地。（3）中央政府对产业转移的推动为长株潭地区经济发展带来了大量的机会。国家已经颁布了一系列具有较强政策性的区域规划，来指导产业由国内较发达的沿海地区转移到较不发达的内陆地区。（4）这些政策备受当地政府欢迎，因为他们认为城市区域模式是提高经济和产业竞争力的重要渠道。（5）长株潭地区位于中国中部。交通运输业的快速发展，也就是高速铁路的开通，使它成为连接中国东与西、南与北的关键枢纽地带。以上因素都体现了城市化"自上而下"的过程，也就是从中央到地方引导的产业转移、空间组织及区域间的国家交通发展，取代了中国沿海地区当地自发的"自下而上"的过程。

四、讨论

在全球化时代，大量文献都试图解释 1980-2000 年期间中国沿海地区

发生的城市化的动力机制。全球化被认为是这些城市群发展和空间组织最
重要的驱动力。随着国家对中国中部发展的关注及关于发展中部地区国内
需求的新战略思想的提出，长株潭利用优惠政策，成为了发展国内力量的
试验基地之一。在 2008 年国际金融危机和全球气候变化的双重压力下，几
乎没有人来试图解释在后 2000 时代中国中部城市转型空间重组的过程和
结果。

　　本研究选择以长株潭为例，因为自 2000 年后中央政府把注意力从沿海
地区转移到内陆地区时，长株潭地区作为一个连接国家东、西、南、北的
中部地区发生了急剧的社会经济转型和空间重组。这个过程与 1980–2000
年期间发生在沿海地区的转型不同，沿海地区的经济增长和城市化是由 FDI
和出口型工业化驱动的（表 5-5）。在一系列由中央到地方的优惠政策和措
施的指导下，长株潭地区的经济主要受国内力量驱动，大量的来自其他区
域的国内投资的增长远超出 FDI 的数量。相比遍布于沿海地区的劳动密集
型的、低增加值的轻工业，长株潭工业的快速增长主要是基于开发区内的
技术密集型的、高增加值的重工业。大量的低技术移民构成了沿海地区的
主要劳动力，与之相反，由当地人口构成的高技术劳动力的集聚使得长株
潭地区的城市人口保持相对适度的增长。然而在空间上，长株潭的经济增
长的空间走向与沿海地区的相似，都是集中在核心城市周边的县，并有强
烈的交通指向。可见，中国内陆地区城市群的过程和空间结构呈现出了从
中央到地方的自上而下的过程。

表 5-5　沿海地区和中国中部城市群的比较

	中国沿海地区城市群	中国中部城市群
	（1978–2000）	（Post-2000）
驱动力	FDI	国内投资
	出口	国内市场
	改革开放政策	"中部崛起"
过程	自下而上	自上而下
	贸易集约及出口导向	更多区域间相互作用及低贸易 / 出口集中
		技术密集型、高增加值的重工业

续表

	中国沿海地区城市群	中国中部城市群
	（1978-2000）	（Post-2000）
增长特征	劳动密集型、低增加值的轻工业	开发区产业协调发展
	"村村点火、户户冒烟"	高技能的当地人口的集聚
	大量低技术移民劳动力	
空间结构	集中在主要核心城市周围及交通线路周围的县的巨大的经济增长	相同

来源：著者编辑。

    总之，长株潭的案例研究表明在近来的后 2000 年的大环境下，中国城市群进入了新的阶段。此类新的城市群被证实是与 1980-2000 年期间亚洲东南部和中国沿海发达的城市群显著不同的。更多细节工作需要进一步展开以检验这两种城市群类型的不同驱动力，包括来自中国及国外发达地区的产业转移结构，中国与世界未来的经济关系，低碳经济与社会的发展速度和模式，国家交通运输的发展及当地就业结构，这对城市群的概念及相关理论有重要的影响。

第六章　我国内陆城市群的空间重构及其作用机理

——以武汉城市群为例①

---

① 本章原文已发表于《资源科学》2016 年第十期。

本章试图从人口、经济、交通、土地利用等维度出发，结合数理模型探讨新世纪以来武汉城市群的特征和动力机制。

一、武汉城市群发展概况

武汉城市群位于湖北省东部，其规划区域以武汉为核心城市，包括外围100km内的黄冈、鄂州、孝感、黄石、咸宁、仙桃、潜江、天门等8个城市（图6-1），土地面积为58,000km^2。2013年，武汉城市群以全省31%的土地和53%的人口，集聚了全省79%的实际利用外资额和57%的固定资产投资，完成了全省63%的GDP，64%的工业产值，69%的出口及68%的三产服务（表6-1），是拉动湖北省经济快速增长的核心区域。2013年，武汉城市群三大产业结构比重为9：50：41。武汉城市群是湖北省的核心地带，是长江中游城市群的核心，是中部崛起最具活力的、最强劲的核心增长极。

图6-1　湖北省武汉城市群区域地图

注：湖北省地图阴影部分为武汉城市群，中国地图阴影部分为湖北省。

表 6-1　2013 年武汉城市群的经济指标及其占湖北省的比重

类别	常住人口（万人）	土地面积（km²）	GDP（亿元）	第二产业（亿元）	第三产业（亿元）	固定资产投资（亿元）	实际利用外资额（万美元）	出口（亿美元）
总量	3,074	58,052	15,630	7,767	6,372	11,894	544,258	157
湖北省	5,799	185,900	24,668	12,172	9,399	20,754	688,800	228
占湖北省比重（%）	53.0	31.2	63.4	63.8	67.8	57.3	79.0	68.8

数据来源：《湖北省统计年鉴 2014》。

二、武汉城市群的区域性城市化特征

1. 人口向区域集聚趋势初显

武汉城市群核心城市高度密集，向心性趋势明显。2010 年份县人口密度数据显示，湖北省人口高度集聚在武汉城市群范围内（图 6-2）。2010 年，武汉城市群的常住人口密度为 521 人 /km²，远高于湖北省的平均值（308 人 /km²）和全国的平均值（140 人 /km²），其中核心城市武汉市的人口密度则达到 1000 人 /km² 以上，区域内部各市县的人口密度也均超过了 200

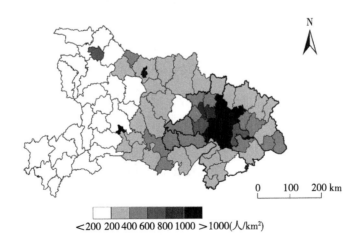

图 6-2　2010 年湖北省分县人口密度

人/km²。从人口增长趋势来看，1990-2000 年间，城市群内部各市县均表现出较快的人口增长，而 2000-2010 年，则以核心城市武汉的增长为主，其人口增长超过 20%（图 6-3），而除少数几个县市之外的其他县市均呈现负增长。究其原因，一方面，湖北省是重要的人口迁出地，另一方面，武汉的极强吸引力吸引周边地区人口进入，也部分地导致了周边地区人口负增长。

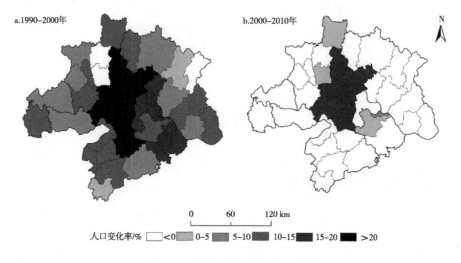

图 6-3　武汉城市群分县人口变化

进一步分析迁入人口比率，即迁入人口占户籍人口的百分比，可以看出 2000-2010 年，武汉周围的县市开始吸引更多的外来人口进入，人口在空间上呈现由中心向外围分布的态势（图 6-4）。分地区来看，2010 年武汉城市群的迁入人口比率为 18.06%，其中武汉市的迁入人口比率高达 45.74%，远高于城市群的平均水平。其他 8 市的迁入人口比率均低于城市群的平均水平，其中天门市迁入人口比率（3.45%）最低（表 6-2）。从迁入人口来源看，武汉城市群主要以省内人口流动为主，本省本市县、本省其他市县、外省的迁入比例分别为 42.26%、46.12%、11.63%，外省的迁入人口较少。其中，武汉市以本省其他市县迁入为主（58.40%），而其他 8 市均是以本省本市迁入为主（表 6-2）。

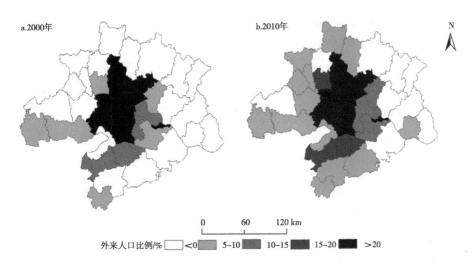

图 6-4　武汉城市群分县外来人口比例

表 6-2　2010 年武汉城市群分市总人口、城市化率以及迁入情况

地区	总人口，万人	城市化率，%	迁入人口比例，%	迁入人口来源		
				本县、市迁入比例，%	本省其他县、市迁入比例，%	外省迁入比例，%
武汉	978.54	77.07	45.74	27.88	58.40	13.72
黄石	242.93	56.80	14.07	55.03	36.54	8.43
鄂州	104.87	57.95	11.70	63.45	28.91	7.65
孝感	481.45	46.00	9.15	76.73	17.24	6.03
黄冈	616.21	34.80	5.10	72.26	19.52	8.22
咸宁	246.26	42.70	11.44	76.39	16.63	6.98
仙桃	117.51	47.06	8.01	83.08	11.38	5.54
潜江	94.63	46.26	6.58	64.20	23.70	12.10
天门	141.89	43.17	3.45	70.15	18.94	10.91
武汉城市群	3024.28	54.70	18.06	42.26	46.12	11.63

数据来源：据全国第六次分县人口普查数据整理所得。

2. 区域性的非农就业转化特征明显

2000年以来,武汉城市群非农就业人口比重急剧上升。2006-2012年,武汉城市群的非农就业人口比重从68.31%增加到75.69%,增长了7.38的百分点。武汉城市群非农就业比重远高于湖北省平均水平,也高于全国平均水平(表6-3)。从空间分布来看,大部分市县的非农就业人口比重均有较快增长,表现出城市群特有的区域性非农转化的趋势(图6-5)。另外,图6-5显示出紧挨武汉市的内圈周边市县的非农就业水平高于外圈市县,显示中心城市对外围地区的辐射带动作用逐渐显现。

表6-3 武汉城市群、湖北省和全国非农就业人口比重

年份	非农就业人口比重						
	2006	2007	2008	2009	2010	2011	2012
武汉城市群	68.31	69.81	72.97	72.59	74.43	74.42	75.69
湖北省	52.45	52.65	52.65	53.00	53.60	54.30	55.55
中国	57.40	59.20	60.40	61.90	63.30	65.20	66.40

数据来源:《湖北统计年鉴》(2007-2014);《中国统计年鉴2014》。

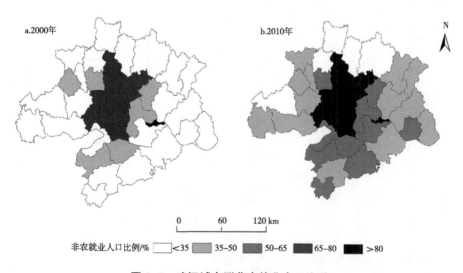

图6-5 武汉城市群非农就业人口比重

进一步分析区域内部乡村地区的非农就业水平,发现武汉城市群内部

乡村地区非农就业人口比重急剧上升。2000-2013 年，该比重由 39.28% 增加到 64.40%，13 年间增长了 25.12%。目前，武汉城市群乡村地区就业人口的非农化程度已经超过 60%，说明武汉城市群不仅城镇地区的非农发展异常迅速，周边农村地区的非农发展也被极大地带动起来。武汉城市群展现出了城镇和乡村协调发展的区域性非农转化的典型特征（表 6-4）。

表 6-4　2012 年武汉城市群分市非农就业人口比重

地区	武汉市	黄石市	鄂州市	孝感市	黄冈市	咸宁市	仙桃市	天门市	潜江市
总非农就业人口比重	87.89	79.97	67.50	70.69	64.79	70.77	81.61	71.07	70.93
乡村地区非农就业人口比重	64.66	76.58	52.75	63.85	64.85	59.92	63.36	68.58	62.10

数据来源：《湖北统计年鉴 2013》。

3. 区域城市化水平提升

伴随着人口向区域集聚，以及区域性的就业非农转化，武汉城市群的城市化水平大幅提升。城镇人口从 1990 年的 954 万增加到 2010 年的 1654 万。武汉城市群的城市化水平从 1990 年的 34.66%，上升到 2010 年的 54.70%。相比而言，2000 年后武汉城市群的城市化水平增速比前十年略有放缓。两个十年间的增幅分别为 12.09%（1990-2000）和 7.95%（2000-2010）（表 6-5）。

表 6-5　武汉城市群第四、五、六次人口普查数据

年份	1990	2000	2010
总人口，人	27,543,191	31,279,342	30,242,843
城镇人口，人	9,546,186	14,623,069	16,542,897
城市化率，%	34.66	46.75	54.70

数据来源：据全国第四、五、六次分县人口普查数据整理所得。

根据 Tan 等对武汉城市群土地利用变化的研究（Tan，2014），1988 年以来武汉城市群内部城市用地不断增加，尤其是 2000 年以后，非农土地利

用极速扩张，以武汉市的变化最为突出，而周围地区的非农建设用地增加也已在区域范围内展开。从土地利用来看，武汉城市群的发展变化符合区域性城市化的特征。

三、武汉城市群城市化的动力分析

1. 内驱力主导的经济快速增长

作为中部崛起的战略支点和湖北省的核心区域，2000-2013 年，武汉城市群经济飞速发展，GDP 年均增长率为 12.65%，远高于全国平均值 9.95%。尤其是 2008 年金融危机后，武汉城市群发展速度仍高达 12.91%，远高于全国平均增速（8.85%）。如表 6-6 所示，2013 年，人均 GDP 达到 50849 元，比 1994 年增加了 10 倍以上，比全国平均水平高了近 1 万元。

表 6-6　武汉城市群、湖北省和中国的人均 GDP 及 GDP 的年均增长率

	人均 GDP（元）				GDP 年均增长速度（%）	
	1994	2004	2008	2013	2000-2008	2008-2013
武汉城市群	3,938	12,300	23,282	50,849	12.48	12.91
湖北	2,991	9,898	19,858	42,613	11.52	12.69
全国	4,044	12,336	23,708	41,908	10.64	8.85

数据来源：《湖北省统计年鉴》（1995-2014）；《中国统计年鉴 2014》。

大量的固定资产投资投入是武汉城市群快速经济增长的重要支撑。2000-2013 年，武汉城市群的固定资产投资额从 806.81 亿元增加到 11,894.11 亿元，增长了 14.74 倍，年均增长速度为 23%。武汉城市群的地均固定资产投资远高于全国平均水平和湖北省平均水平。2013 年，武汉城市群的地均固定资产投资额高达 2048.87 万元 /km^2，是湖北省（1116.4 万元 /km^2）的 1.84 倍，是全国平均值（464.89 万元 /km^2）的 4.41 倍。

2000-2013 年，武汉城市群的实际利用外商直接投资额（FDI）从 8.1 亿美元增加到 54.4 亿美元，增加了 6.7 倍，年均增长速度为 15.80%。相比

而言，外商直接投资额增长速度远不及固定资产投资额的增速（图 6-6），FDI 占固定资产投资的比重从 8.34% 降到 2.83%。

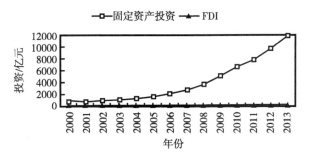

图 6-6　2000 年 –2013 年武汉城市群 FDI 和固定资产投资额

数据来源：《湖北省统计年鉴》（2001–2014）。

分地区来看，武汉城市群固定资产投资向中心城市集聚的"一城独大"现象明显，武汉市占城市群比重一直高达 50% 以上。2008 年前，固定资产投资一直在向武汉单中心集聚，2000–2007 年，武汉市固定资产投资占武汉城市群的比重持续扩大，从 57.25% 增加到 61.57%，增长了 4.30 个百分点。2008 年后，这一趋势开始缓解，武汉市的固定资产投资在城市群的占比下降，2013 年降到 50.00%，5 年间下降接近 10 个百分点，投资逐渐向中心城市以外的地区扩散（图 6-7）。在中心城市以外的其它 8 市中，黄冈的固定资产投资最多，2013 年达到 1365.57 亿元，占整个城市群的比重为 11.48%；天门最少，2013 年为 260.75 亿元，占比 2.19%。

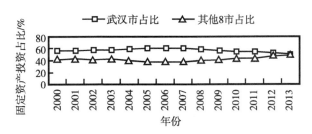

图 6-7　2000–2013 年武汉市和其它 8 市固定资产投资额占武汉城市群总量比重

数据来源：《湖北省统计年鉴》（2001–2014）。

2000 年以来武汉城市群的出口总额迅猛增加。2001–2013 年，武汉城市群的出口额从 14.05 亿美元跃升到 157.6 亿美元，12 年间增加了 11 倍，年均增长率高达 22.28%。就单位 GDP 出口而言，武汉城市群的单位 GDP 出口额在 2001–2008 期间呈现出显著的增长，2008 年后振荡式波动（图 6–8）。2001–2013 年武汉城市群万元 GDP 出口从 51.64 美元 / 万元增加到 100.49 美元 / 万元，但这一水平仍远低于同期全国平均水平（242.67 美元 / 万元和 388.33 美元 / 万元）。这与沿海地区出口导向的特征完全不同。

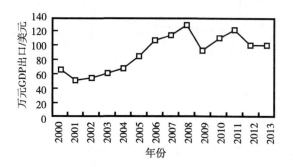

图 6–8　2000–2013 年武汉城市群万元 GDP 出口

数据来源：《湖北省统计年鉴》（2001–2014）。

武汉城市群经济的迅猛增长是国内外力量共同作用的结果。从投资贡献率来看，国内投资的贡献比外商投资大，而出口占 GDP 的比重较全国平均水平低，因此与沿海发达地区城市群的外向型经济为主显著不同的是，作为内陆城市群的典范之一的武汉城市群的发展主要受内部力量的推动。

2. 开发区引领下重工业为主的经济结构转化

伴随着经济的快速发展，武汉城市群的结构迅速转变。从 GDP 的构成来看，1994 年武汉城市群第一、二、三产业的结构比为 24.1：41.6：34.3，到了 2013 年转变为 9.5：49.7：40.8。第一产业增加值占 GDP 的比重急剧下降（由 24.09% 降至 9.54%），第二、三产业所占比重增加，经济非农化程度由 75.91% 增加到 90.46%，增长了 14.55%，非农经济转化程度大幅提升。自 2000 年起，武汉城市群的经济非农化水平超越全国平均水平（表 6–7）。

1994–2013 年，武汉城市群第二产业比重由 41.60% 增加到 49.69%，增长了 8.1 个百分点，第三产业比重由 34.31% 增加到 40.77%，增长了 6.45 个百分点。1994–2007 年，第二产业比重与第三产业比重之差由 7.80% 降低到

0.67%，第三产业在2005年超越第二产业比重。但是，2008-2013年二、三产业比重差值由1.91%又上升到8.93%，这与2008年后经济刺激政策对第二产业的拉动有一定关系（图6-9）。

表6-7　武汉城市群、湖北省和中国非农经济转化程度

	二、三产业增加值占GDP比重（%）					
	1994	2000	2005	2008	2010	2013
武汉城市群	75.91	85.41	87.2	89.08	90.11	90.46
湖北省	70.6	81.3	83.6	84.3	86.5	87.4
中国	80.14	84.94	87.88	89.27	89.90	89.99

数据来源：《湖北统计年鉴》（1995，2001，2006，2009，2011，2014）；《中国统计年鉴2014》。

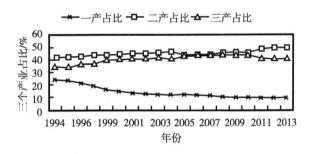

图6-9　1994-2013年武汉城市群经济结构

注：11998年数据不可获取，故作剔除处理；2数据来源于《湖北省统计年鉴》（1995-2014）。

武汉城市群是中国重工业基地，在"十一五"期间，国家就在此布局了武钢、武船、武重等重要项目。武汉城市群地处长江流域，水资源充沛，农产品资源丰富，黄石、黄冈、大冶、孝感等地又有丰富的金属矿产资源，为区域内部重工业的发展提供了重要保障。因此，该区域的重工业一直蓬勃发展，引领地区经济快速增长。其中，武汉以钢铁、机械、化工、建材、光电子产业著称，相关支柱产业已达到世界先进水平；黄石以冶金、建材、纺织、机械、化工、电子等产业为主；鄂州的冶金、孝感的机电、黄冈的建材、咸宁的轻纺、仙桃的纺织服装、天门的农产品加工分别为各自的主要支柱产业，不同地区在支柱产业上同时存在着产业同构现象。

开发区引领了武汉城市群的工业发展。截至 2013 年，武汉城市群地区有 62 个开发区，数量约占湖北省开发区总数（130 个）的一半，其实际开发面积为 1150.02km²，拥有高新技术企业 1312 个，从业人员 243.91 万人，规模以上工业增加值 4413.76 亿元（较上年增长 13.80%），固定资产投资总额 5262.93 亿元（较上年增长 34.90%），外商投资金额 37 亿美元（较上年增长 14.60%），出口总额 122 亿美元（较上年增长 17.40%）。2013 年这些开发区集聚了武汉城市群地区 44.00% 的固定资产投资、68.39% 的外商投资资金、77.87% 的出口总额。

3. 交通运输条件改善明显，带动节点区域工业增长

从整体上看，武汉城市群地区的交通网络比较密集，尤其是以武汉为核心的区域，已形成多条横纵交叉的交通网络格局。2012 年，武汉城市群内部 6 市（武汉、黄石、鄂州、孝感、黄冈、咸宁）的公路里程数为 73,160km，是 2000 年（23,666km）的 3 倍之余，货运总量为 68,766 万吨，是 2000 年（31,361 万吨）的 2 倍，交通运输条件显著改善。

从空间布局看，工业产出增长较快的地方集中在交通网络密集的区域，如 2000-2009 年工业产出增长倍数最高的是嘉鱼县，超过 11 倍，其次是赤壁市、阳新县、通山县、通城县、孝昌县、武汉市、大冶市、咸安区，增长倍数在 6～10 区间内，这些市县基本都位于武广高铁、京广铁路、武九铁路沿线或各个高速公路、河流的节点上，运输条件便利，如嘉鱼县地处嘉鱼港口附近，赤壁位于京广铁路干线上，优越的交通运输条件促进了资金、人口、生产生活活动的空间集聚与扩散，带动了区域经济的快速增长（图6-10）。

4. 政策因素

武汉城市群的发展，离不开当地政府政策的支持。早在 2004 年，湖北省委省政府联合发出《关于加快推进武汉城市圈建设的若干意见》，提出将武汉城市圈打造成为内陆地区的经济增长极。并就统一规划、基础设施建设一体化、产业布局一体化、以及区域市场一体化以及城乡建设一体化等

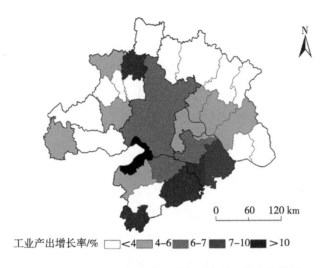

图6-10 2000—2009武汉城市群分县工业产出增长

注：工业产出增长率是2009年与2000年工业总产值的比值，旨在比较不同地区的增长速度，未考虑通货膨胀。在保证统计口径与统计指标一致的条件下，可获取的最近的分县工业总产值数据截至2009年，故选取2000—2009年作比较。

内容做了详细的部署。2009年，湖北省发展和改革委员会公布了《武汉城市圈总体规划纲要》，明确了武汉城市群的战略定位，并进行了详细的规划布局。2015年4月5日国务院正式推出《长江中游城市群发展规划》，指出长江中游城市群是包含武汉城市圈、环鄱阳湖城市群、环长株潭城市群在内的特大型城市群，连南接北、承东启西，在长江经济带中占有重要地位。

四、武汉城市群动力机制分析

1. 研究方法和数据来源

本章选取人口集聚、非农就业转化以及城乡建设用地转化等多个方面，运用时空对比分析方法刻画武汉城市群的区域性城市化特征。在此基础上，探究2000年后武汉城市群形成发展的驱动因素及其重要性。选取2000—2013年武汉城市群9个市的面板数据进行分析。

针对本章使用的面板数据，首先进行了Hausman检验。结果得出P值小于 0.05，说明本章采用的面板数据在 5% 的显著性水平下，检验结果显著，拒绝随机效应模型的原假设，即本章宜采用固定效应模型。随后，进行了 F 统计量检验，计算结果表明本章使用的面板数据符合变截距模型。为了消除异方差，在进行检验和分析之前对各变量进行了对数转换。

综合 Hausman 检验和 F 统计量检验的结果，最终确定本章采用变截距固定效应模型，模型公式为：

$$Y_{it}=\alpha_i + X_{it}\beta + u_{it},\ i=1,\ 2,\ \cdots,\ N;\ t=1,\ 2,\ \cdots,\ T$$

其中，i 代表每个城市；t 代表时间；α_i 是每个城市的截距；Y_{it} 是因变量；X_{it} 是自变量；β 是自变量系数；u_{it} 是残差项。

因变量选取两个指标（见表 6-8），即人均 GDP 和乡村地区非农就业人口比重。自变量选取指标如表 6-8 所示，包括人口密度、人均社会消费品零售总额和单位 GDP 出口额、地均固定资产投资和地均实际利用外资额、每平方公里的公路里程。在回归分析中，具有 96 个观测值的样本符合观测值与自变量最小比率（5∶1）的原则，（实际比例为 16∶1，96 个观测值，6 个自变量）。

表 6-8　变量指标

	变量	测量指标	代码	变量含义	数据来源	单位	年份
因变量	经济	人均 GDP	GDPPC	经济发展水平	1	元	2000–2013
	就业	乡村地区非农就业人口比重	NAER	乡村地区非农就业转化程度	1	%	2000–2013
自变量	人口指标	人口密度	DEN	人口集中程度	1	人 /km^2	2000–2013
	经济指标	人均社会消费品零售总额	SRGPC	内需集中程度	1	元 / 人	2000–2013
		出口 /GDP	EXP	经济外向性程度	1	美元 / 万元	2000–2013
	投资指标	地均实际利用外资	FDIPA	外资贡献度	1	万美元 /km^2	2000–2013
		地均固定资产投资	IFAPA	内资贡献度	1	万元 /km^2	2000–2013
	交通指标	每平方公里公路里程	RD	交通运输条件贡献度	2	km/km^2	2000–2012

注：1 数据来源于《湖北省统计年鉴》（2001–2014 年）；2 数据来源于《中国区域经济统计年鉴》（2001–2013 年）。

本章数据来源于各年度《湖北省统计年鉴》、《中国区域经济统计年鉴》，以及《中国 1990 第四次人口普查资料》、《中国 2000 第五次人口普查资料》、《中国 2010 第六次人口普查资料》。本章中，人口分析数据来源于普查数据资料，鉴于普查数据只限于少数年份，非农就业数据等采用统计年鉴数据加以补充。数据采集时间为 1990-2014 年。

2. 将人均 GDP 作为因变量解释武汉城市群的经济发展

以人均 GDP 作为因变量，以人口密度（DEN）、单位 GDP 出口额（EXP）、地均 FDI（FDIPA）、地均固定资产投资（IFAPA）、每平方公里公路里程（RD）作为自变量，回归分析结果如表 6-9 所示：

表 6-9　武汉城市群变截距固定效应模型回归结果（1）

变量	显著性水平	回归系数	标准误差	t 统计量	p 值
C		−2.556	1.775	−1.440	0.154
lnDEN	***	0.776	0.205	3.779	0.000
lnEXP	**	0.066	0.025	2.609	0.011
lnFDIPA		0.001	0.023	0.041	0.967
lnIFAPA	*	0.146	0.076	1.926	0.058
lnRD		−0.028	0.037	−0.772	0.442
lnSRGPC	***	0.767	0.125	6.135	0.000
拟合优度		0.990	因变量均值		9.640
校正拟合优度		0.988	因变量标准差		0.704
回归标准差		0.078	赤池信息准则		−2.120
F 统计量		545.479	施瓦茨信息准则		−1.719
p 值		0.000	DW 检验		1.197

注：*、**、*** 分别表示在 10%、5%、1% 水平下显著。

根据表 6-9 中的回归结果，F 检验的 P 值小于 0.05，说明固定效应模型的回归结果显著。其中人口密度（DEN）、单位 GDP 出口额（EXP）、地均固定资产投资（IFAPA）、人均社会消费品零售总额（SRGPC）4 个指标的回归结果分别显著，可以在整体上解释 98.8% 的变化，而地均实际利用外资（FDIPA），和每平方公里公路里程（RD）不显著。

标准化系数可以进行变量间的比较，来确定其在回归模型中对因变量的相对重要性。标准化系数越大表示该自变量与因变量之间有较高的相关度。

在模型中，人口密度的作用最大（0.776）；人均社会消费品零售总额（SRGPC）反映的国内需求对该区域经济发展的影响次之（0.767）；地均固定资产投资（IFAPA）反映的国内投资对该区域经济发展的贡献度（0.146）也较大；单位GDP出口额（EXP）反映的国外需求对该区域经济发展也发挥了一定作用（0.066）；而FDI反映的国外投资对武汉城市群地区经济发展的影响是不显著的，平均道路里程所反映的交通条件对经济发展的差异性贡献并不显著。总体而言，武汉城市群地区的经济发展受内外需共同拉动，其中内需的作用尤为显著，这与沿海地区城市群典型区别。相比沿海地区城市群，武汉城市群主要依托国内投资的拉动，即以内资驱动为主，而外资对经济的拉动作用不显著。

3. 将 NAER 作为因变量解释武汉城市群的形成与发展

本部分选取乡村地区非农就业人口比重（NAER）作为因变量，鉴定城市群内部乡村地区转化的影响因素及其重要性。选取了以下自变量：人口密度（DEN）、人均GDP（GDPPC）、单位GDP出口额（EXP）、地均FDI（FDIPA）、地均固定资产投资（IFAPA）、每平方公里公路里程（RD）。回归结果如表6-10所示：

表 6-10　武汉城市群变截距固定效应模型回归结果（2）

变量	显著性水平	回归系数	标准误差	t 统计量	p 值
C		−0.291	1.582	−0.184	0.855
lnDEN		0.202	0.217	0.931	0.355
lnEXP	***	0.093	0.034	2.696	0.009
lnFDIPA		−0.009	0.031	−0.281	0.779
lnIFAPA		−0.045	0.077	−0.580	0.563
lnRD	**	0.095	0.048	2.007	0.048

变量	显著性水平	回归系数	标准误差	t 统计量	p 值
lnGDPPC	**	0.297	0.123	2.417	0.018
拟合优度		0.783	因变量均值		3.920
校正拟合优度		0.745	因变量标准差		0.207
回归标准差		0.105	赤池信息准则		−1.536
F 统计量		20.835	施瓦茨信息准则		−1.135
p 值		0.000	DW 检验		2.401

注：*、**、*** 分别表示在 10%、5%、1% 水平下显著。

根据表 6-10 中的回归结果可以看到 F 检验的 P 值小于 0.05，说明回归结果是显著的。其中，单位 GDP 出口额（EXP）、每平方公里公路里程（RD）、人均 GDP（GDPPC）三个指标的回归结果分别显著，可以在整体上解释 74.5% 的变化。而人口密度（DEN）、地均 FDI（FDIPA）、地均固定资产投资（IFAPA）则表现不显著。其中，人均 GDP（GDPPC）的影响最大（0.297），即城市群内部经济发展水平越高，其乡村地区的非农化水平越高；每平方公里公路里程（RD）的影响次之（0.095），地区交通越发达，乡村地区的非农就业水平越高。交通设施的完善和进步为生产资料的流通提供了便利条件，使生产活动在空间范围内进行良好的运行成为可能，极大程度地带动了乡村地区非农活动的发展；单位 GDP 出口额（EXP）的影响紧随其后（0.093），出口额越高，越能带动乡村地区的非农转化。究其原因，武汉城市群内部区域的出口贸易产品主要以劳动密集型工业产品为主，出口导向型工业更易吸引大量乡村劳动力就业。

模型中，外资和固定资产投资对于乡村非农转化的影响表现为不显著，因为投资尤其是固定资产投资大多投向城市地区，而较少直接投向乡村地区，所以，投资对于乡村地区非农转化的直接拉动作用不明显。

五、结论

本章以武汉城市群为案例，分析了 2000 年以来中部地区城市群发展的区域性城市化特征。

（1）在武汉城市群，人口向着大区域集聚的趋势初显，且中心极化趋势显著。相比 2000 年前，2000 年后，武汉城市群的人口更加集中向主要中心城市武汉。同时，由于湖北省为人口迁出大省，因而 2000-2010 年期间，城市群内部除武汉外，外围地区人口呈现负增长。但经济互动频繁使得整个城市群地区的人口迁移比较活跃，主要以本县迁移为主。

（2）2000-2010 年期间，武汉城市群的所有地域单元都经历了快速的非农就业转化，带动原乡村地区的非农就业转化也较为明显。已有相关研究表明，城乡建设用地的扩张也呈现出典型的区域性空间连续特征。这些特征共同组成了城市群形成的典型标志。

（3）武汉城市群的形成动力机制分析可见，加入世贸以来经济的快速增长，尤其是内资为主引领下的经济增长、以开发区为主体的重工业为主的经济结构转化、以及交通运输条件改善后节点区域的发展等都是促成武汉城市群区域性城市化的原因。

进一步的驱动力模型结果发现，作为内陆城市群，与 20 世纪八九十年代沿海发达地区外向型经济驱动不同，武汉城市群受内外两种力量驱动，且以国内驱动为主。经济增长受内需和国内投资的拉动作用更为明显。这一结果与中部地区另一个城市群，长株潭城市群的研究结果一致。城市群内部乡村地区的非农转化则主要受当地的经济发展水平影响，经济发展水平高，更易带动周边乡村地区的非农发展；另外，交通条件好，也可以更好的促进周边乡村地区的非农转化；同时外需的作用也是显著的，在内陆地区强调内需的同时，外需对当地乡村地区转化的拉动作用不容小觑。

第七章　中国的城市群

——促进多模式城市群的可持续发展

过去几十年中，城市群毫无疑问是最受关注的城市型聚落形态。然而，如何定义城市群，又怎样界定城市群，一直众说纷纭，未有定论。本书聚焦城市群研究，在全面分析城市群在国内外的起源及发展理论的基础上，提出以"分散的区域性集聚"或"区域性城镇化"来理解城市群。从某种程度上，"区域性集聚"不仅仅是对城市群空间过程的准确刻画，集聚力量更是从经济的角度把握城市群形成的具体体现。"分散的区域性集聚"也更加形象地从空间景观的角度刻画出了城市群区别于城市和都市区的特殊性，即这一特定的大型区域类型中，不仅城市、镇、原乡村地区也都包含在经济发展、城市型转化过程中，因而在大区域范围内形成了独特的围绕中心城市的区域性城市转化。基于提出的理论概念和国内外经典文献，本书提出利用人口增长、净迁移率以及低度城市化率来刻画描述区域性城镇化。

基于以上的概念理解和指标，本文从人口城镇化和土地利用非农转化的角度全面分析了全国各区县 1990-2010 年的城市群空间发展过程，并试着分析了其作用机理。从沿海地区选择了相对成熟的长江三角洲、珠江三角洲进行细致的案例分析。并选择内陆地区发展相对成熟的武汉城市群、长株潭城市群进行了对比分析。可以得出如下发展模式：

（1）1990-2010 年间，珠三角地区、长三角地区、京津冀地区持续吸引大量人口增长和外来人口进入当地，尤其是珠三角、长三角地区周边很大范围内的城市、镇和乡村均发生着快速的经济增长和城市性转化，可以称之为区域性城镇化；

（2）公认的山东半岛城市群、辽中南城市群在 2000 年后并未随着经济的非农转化发生更大范围更加密集的区域性人口集聚；

（3）福建沿海地区不仅发生了快速的非农转化，也吸引了大量外来人口进入当地，但并未围绕中心城市形成随距离衰减的梯度，因而与长三角、珠三角的发展模式略有不同；

（4）较之 2000 年前的发展，沿海地区向内陆地区的产业转移带动了几个紧挨长三角、珠三角的内陆省份开始了经济的非农转化，如江西、安徽、湖南、湖北。在这些省份中，各区县内就业发生了非农转化，但因其吸引力有限，并未吸引大量外来人口进入区县，因而在大多数区县内人口增长和迁移率较低，而人口只向着点状的主要城市集聚，"城市群"范围内的其他区县甚至人口减少。因此，某种程度上，这些区域内发生了区域性的经济发展，工业化开始在原乡村地区进行，吸引周边的劳动力就业，从而实现了非农就业转化，但他们其中一部分向着主要城市，包括县城买房迁移进行城镇化，而另外一部分则留在当地，依然半农半工。这与长三角、珠三角地区沿着中心城市高度密集的区域性城镇化区别较大；

（5）未进行非农转化的区县及其周边地区的城镇化模式则主要以人口向着城市或镇转移为主，也没有区域性城镇化发生。

从作用机理来看，长三角、珠三角的密集的人口集聚以及土地利用的分散化发展主要受到外资密集进入的影响，而其发展之所以进入乡村，主要原因是（1）交通通信信息技术的发展，一方面使得生产活动可以在全球范围内进行，另一方面，可以使得生产活动得以超越都市区的范围进行扩展；（2）生产活动全球分散分布的同时，生产活动有向着主要节点城市集聚的需求，来应对全球竞争的不确定性，因而距离中心城市越近的地区发展机会越突出；（3）主要全球性节点城市因其全球性的地位而具有独特的吸引力，吸引大量外资高密度快速进入当地，外资将三角洲地带当做了全球性的生产平台；（4）高密度快速的发展需求使得当地城镇的用地空间不足，企业不得已选择乡村；（5）企业进行大规模生产需要宽敞的单层厂房，需要占据很大的面积，原乡村地区因其廉价的地价或租金而具备吸引力；（6）当地政府为了招商引资的需求，对于企业的需求大开绿灯；（7）在高速的外资带动下的经济发展从内陆地区吸引了源源不断的外来人口进入当地。

然而上述的故事在其他地区并不类似。对于山东、福建和辽宁的城市区域发展而言，他们的发展密集程度不及长三角、珠三角，也未形成以中心城市为核心的大范围内的圈层结构。福建更主要的是沿海的条状结构，而山东的双中心结构也导致其发展密集度和城市区域发育状况不及两大三角洲。辽中南地区的经济活力不足以支撑其更密集的发展和要素集聚。对于中部地区而言，产业转移的内生动力不要求向着主要城市节点集聚，反而更加注重当地的就地劳动力的利用，因而经济发展在区域范围内发生后，并未沿着中心城市形成大区域的集聚。

综上所述，我国人口众多、幅员辽阔，地理区域之间差异明显，城市群在发育过程中的特征及动力也有明显的区别。在制定相关规划和管理的过程中，需要在深入理解城市群的发展内涵及机理的基础上，关注城市群这一区域发展"主体形态"的同时，甄别不同"城市群"发展阶段所表现出的不同特征，给予区别性的规划管理策略，以使得各地区充分结合当地的资源环境条件，考虑不同地区的发展阶段和特征，促进当地持续发展。

参考文献

［1］Castells, M. (1993) European cities, the informational society, and the global economy. Tijdschrift voor economische en sociale geografie, 84(4):247-257.

［2］Castells, M. (2000) The rise of the network society (2nd ed). Blackwell, Oxford.

［3］Champion, A.G. (1989a) Counterurbanization: the changing pace and nature of population deconcentration. Edward Arnold, London, New York.

［4］Champion, A.G. (1989b) Counterurbanization: the conceptual and methodological challenge. In: A.G. Champion (ed.) Counterurbanization: the changing pace and nature of population deconcentration. Edward Arnold, London, New York, pp. 19-33.

［5］Chan, K.Y. (1993) Review of N. Ginsburg, B. Koppel and T.G. McGee (eds.) The Extended Metropolis. Urban geography, 14: 205-208.

［6］Coe, N., Hess, M., and Yeung, H.W., et al. (2004) 'Globalizing' regional development: A global production networks perspective. Transactions of Institute of British Geographers, 29: 468-484.

［7］Dai, L.Z., Zheng, Y.T., and Sit, V.F.S. (2015) A new pattern of extended metropolitan regions (EMRs) in China: A case study in the Changzhutan (CZT) EMR. International Development Planning Review, 37(4): 399-422.

［8］Dicken, P. (2015) Global shift: mapping the changing contours of the world economy (7th Edition). New York, London: The Guilford Press.

［9］Douglass, M. (2000) Mega-urban regions and world city formation: globalization, the economic crisis and urban policy issues in Pacific Asia. Urban Studies, 37(12): 2315-2335.

［10］Friedmann, J. (1986) The world city hypothesis. Development and Change, 17(1): 69-84.

［11］Geddes, P. (1915) Cities in evolution. Williams and Norgate, London.

［12］Gottmann, J. (1961) Megalopolis: the urbanized northeastern seaboard of the United States. K.I. P, New York.

［13］Hall, P. (1966) The world cities. Weidenfeld and Nicolson, London.

［14］Hall, P. (2001) Global city-regions in the twenty-first century. In: A. J. Scott (ed.) Global city-regions: trends, theory, policy. Oxford University Press, New York, pp. 59-77.

［15］Hall, P., and Pain, K. (2006) The polycentric metropolis: learning from mega-city regions in

Europe. Earthscan, London.

[16] Kim, S. (2002) The reconstruction of the American urban landscape in the twentieth century, Cambridge, MA: NBER Working Paper 8857.

[17] Konad, G., and Szelenyi, I. (1974) Social conflicts of under–urbanization: In A.A. Brown, J.A. Licari and E. Neuberger (eds). Urban and Social economics on market and planned economics, Volume 1: Policy, Planning and Development. Praeger Publishers and University of Windsor Press, New York, pp. 206–226.

[18] Lin, G.C.S. (1997) Transformation of a rural economy in the Zhujiang Delta. The China Quarterly, 149: 56–80.

[19] Lin, G.C.S. (2001) Metropolitan development in a transitional socialist economy: spatial restructuring in the Pearl River Delta, China. Urban studies, 38(3): 383–406.

[20] Marton, A.M., and Mcgee, T.G. (1998) New model for metropolitan development in Asia: China's unique exprience. In: X. Xu, F. Xue and X. Yan (eds) China's rural–urban tranitions and coordinated development. Science Press, Beijing, pp. 258–270.

[21] McGee, T.G. (1989) Urbanisasi or kotadesasi evolving patterns of urbanization in Asia. In: F.J. Costa, A.K. Dutt, L.J. C. Ma, and A.O. Noble (eds.) Urbanization in Asia: spatial dimensions and policy issues. University of Hawaii Press, Honolulu, pp. 93–108.

[22] McGee, T.G. (1991) The emergence of desakota regions in Asia: expanding a hypothesis. In: N. Ginsberg, B. Koppel and T.G. McGee (eds.) The extended metropolis: settlement transition in Asia. University of Hawaii Press, Honolulu, pp. 3–25.

[23] McGee, T.G. (1995) Metrofitting in emerging mega–urban region in Asean: an overview. In: T.G. McGee and I.M. Robinson (eds.) The Mega–Urban regions of southeast Asia. UBC Press, Vancouver, pp. 3–26.

[24] McGee, T.G. (1997) Globalisation, urbanization and the emergence of sub–global regions: a case study of the Asia–Pacific region. In: R.F. Watters and T.G. McGee (eds.) Asia Pacific: new geographies of the Pacific Rim. Hurst & Company, pp. 29–45.

[25] McGee, T.G. (1999) Urbanization in an era of volatile globalization: Policy problematiques for the 21st century. East West Perspectives on 21st Century Urban Development: Sustainable Eastern and Western Cities in the New Millennium. Aldershot, UK: Ashgate, 125–137.

[26] Pannell, C.W. (2002) China's continuing urban transition. Environment and Planning A, 34: 1571–1589.

[27] Sassen, S. (1991) The global city: New York, London, Tokyo. Princeton University Press, Priceton NJ.

[28] Sassen, S. (2001) The global city: New York, London, Tokyo. Princeton University Press, Priceton NJ (2nd ed).

［29］ Scott, A.J., and Storper, M. (2003) Regions, globalization, development. Regional Studies, 6&7: 579–593.

［30］ Scott, A.J., Agnew, J., and Soja, E., et al. (2001) Global city–regions [M]//Scott, A.J., Global city–regions: trends, theory, policy. Oxford and New York: Oxford University Press, 11–32.

［31］ Shen, J. (2012) Changing patterns and determinants of inter–provincial migration in China 1985–2000. Population, Space and Place, 18(3): 384–402.

［32］ Short, J.R., Breitbach, C., Buckman, S., and Essex, J. (2000) From world cities to gateway cities: extending the boundaries of globalization theory. Cities, 4(3): 317–340.

［33］ Simmonds, R. and Hack, G. (2000) Introduction in global city regions: their emerging forms. In: R. Simmonds, and G. Hack (eds.) Global city regions: their emerging forms. Spon Press, London, pp. 3–16.

［34］ Sit, V.F.S., and Yang, C. (1997) Foreign–investment–induced exo–urbanziation in the Pearl River Delta. Urban Studies, 34(4): 647–678.

［35］ Sit, V.F.S. (2005) China's extended metropolitan regions: formation and delimitation. International Development Planning Review, 27(3): 297–332.

［36］ Soja, E. (2000) Postmetropolis: critical studies of cities and regions. Blackwell, Oxford.

［37］ Soja. E.W. (2014) My Los Angeles: from urban restructuring to regional urbanization. Berkeley: University of California Press.

［38］ Storper, M. (1997) The regional world: territorial development in a global economy. Guilford Press, New York; London.

［39］ Wang, M.Y.L. (1997) The disappearing rural–urban boundary: rural socioeconomic transformation in the Shengyang–Dalian region of China. Third World Planning Review, 19: 229–250.

［40］ Webster, D. (2002) On the edge: shaping the future of peri–urban east Asia. Discussion paper, Urban dynamics of east Asia series. Stanfard: Asia/Pacific Research Center, Stanford University.

［41］ Yang, G.S. (2002) Cropland area change and probability of maintaining dynamic balance of its amout in the Yangtze River Delta. Journal of Natural Resources, 17(5): 525–532.

［42］ Yeung, Y.M. (1997) Geography in the age of mega–cities. International Social Science Journal, 151: 91–104.

［43］ Yeung, H.W. (2009) Regional development and the competitive dynamics of global production networks: an east Asian perspective. Regional Studies, 43(3): 325–351.

［44］ Yeung, Y.M. (2002) Globalization and southeast Asian urbanism. Asian Geographer, 21(1–2): 171–86.

［45］ Zhang, L. (2003) China's limited urbanization under socialism and beyond. New York: Nova Science Publishers.

［46］Zheng, T., and Dai, J. (1999) The greater pearl river delta urban region with Hong Kong as the core. In: Y.M. Yeung, D. Lu and J. Shen (eds.) China towards the 21st century: rural, urban and regional development. The Chinese University Press, Hong Kong, pp. 261–279.

［47］Zheng, Y.T. (2009) China's mega–urban regions: spatial restructuring as global manufacturing platforms. VDM Verlag.

［48］Zhou, Y.X. (1991) The metropolitan interlocking regions in China: a preliminary hypothesis. In: N. Ginsberg, B. Koppel and T.G. McGee (eds.) The extended metropolis: settlement transition in Asia. University of Hawaii Press, Honolulu, pp. 89–112.

［49］Zhou, Y.X., and Yang, H.C. (eds.) (2004) A study of the development strategy for the Shandong Peninsula urban agglomeration. Beijing, China Construction Industry Press.

［50］奥沙利文 . 城市经济学 [M]. 北京 : 北京大学出版社 , 2015.

［51］陈明 . 从转型发展看我国的城镇化战略 [J]. 城市发展研究 , 2010, 17(10): 1–8.

［52］崔功豪 . 中国城镇发展研究 [M]. 北京 : 中国建筑工业出版社 , 1992: 39–52.

［53］代合治 . 中国城市群的界定及其分布研究 [J]. 地域研究与开发 , 1998, 17(2): 40–43.

［54］董黎明 . 中国城市道路初探 [M]. 北京 : 中国建筑工业出版社 , 1989: 102–104

［55］方创琳 , 宋吉涛 , 张蔷 , 等 . 中国城市群结构体系的组成与空间分异格局 [J]. 地理学报 , 2005, 60(5): 827–840.

［56］方创琳 . 城市群空间范围识别标准的研究进展与基本判断 [J]. 城市规划学刊 , 2009(4): 1–6.

［57］方创琳 , 姚士谋 , 刘盛和 , 等 . 2010 中国城市群发展报告 [M]. 北京 : 科学出版社 , 2011.

［58］方创琳 . 如何定义和界定城市群 [J]. 区域经济评论 , 2017(5): 5–6.

［59］方创琳 , 王振波 , 马海涛 . 中国城市群形成发育规律的理论认知与地理学贡献 [J]. 地理学报 , 2018, 73(4): 651–665.

［60］高晓路 , 许泽宁 , 牛方曲 . 基于"点—轴系统"理论的城市群边界识别 [J]. 地理科学进展 , 2015, 34(3): 280–289.

［61］顾朝林 , 张敏 . 长江三角洲都市连绵区性状特征与形成机制研究 [J]. 地球科学进展 , 2001, 16(3): 332–338.

［62］顾朝林 , 于涛方 , 陈金永 . 大都市伸展区 : 全球化时代中国大都市地区发展新特征 [J]. 规划师 , 2002, 18(2): 16–20.

［63］顾朝林 . 城市群研究进展与展望 [J]. 地理研究 , 2011, 30(5): 771–784.

［64］贺胜兵 , 周华蓉 , 荣婉琪 , 等 . 湖南省承接沿海产业转移的实证分析——以耒阳市东江工业园为例 [J]. 湖南工业大学学报 (社会科学版), 2011, 16(1): 66–70.

［65］胡序威 , 周一星 , 顾朝林 . 中国沿海城镇密集地区空间集聚与扩散研究 [M]. 北京 : 科学出版社 , 2000.

［66］黄金川 , 刘倩倩 , 陈明 . 基于 GIS 的中国城市群发育格局识别研究 [J]. 城市规划学刊 ,

2014(3): 37–44.

［67］黄金川，陈守强. 城市群空间发育范围识别方法综述 [J]. 地理科学进展，2015, 34(3): 313–320.

［68］李震，顾朝林，姚士谋. 当代中国城镇体系地域空间结构类型定量研究 [J]. 地理科学，2006, 26(5): 544–550.

［69］刘红光，刘卫东，刘志高. 区域间产业转移定量测度研究——基于区域间投入产出表分析 [J]. 中国工业经济，2011(6): 79–88.

［70］刘红光，王云平，季璐. 中国区域间产业转移特征、机理与模式研究 [J]. 经济地理，2014, 34(1): 102–107.

［71］刘静玉，王发曾. 城市群形成发展的动力机制研究 [J]. 开发研究，2004(6): 66–69.

［72］刘卫东."一带一路"战略的科学内涵与科学问题 [J]. 地理科学进展，2015, 34(5): 538–544.

［73］刘玉亭，王勇，吴丽娟. 城市群概念、形成机制及其未来研究方向评述 [J]. 人文地理，2013, 129(1): 62–68.

［74］龙国英，伍美琴. 改革开放以来中国省内地区间差异的机制——以江苏省为例 [C]. // 二十一世纪的中国与世界国际地理学术讨论会论文集. 北京 : 1998: 475–500.

［75］龙永图，吴建民，郑永年. 中国应如何适应全球化阶段 [N]. 环球时报，2015–07–30.

［76］陆大道. 区域发展和城市化的几个问题 [J]. 决策咨询，2005, 16(4): 54–55.

［77］苗长虹，王海江. 中国城市群发展态势分析 [J]. 城市发展研究，2005, 12(4): 11–14.

［78］倪鹏飞. 中国城市竞争力报告 [J]. 财经政法资讯，2003(3): 67–68.

［79］宁越敏. 新城市化进程——90 年代中国城市化动力机制和特点探讨 [J]. 地理学报，1998(5): 88–95.

［80］宁越敏. 中国都市区和大城市群的界定——兼论大城市群在区域经济发展中的作用 [J]. 地理科学，2011, 31(3): 257–263.

［81］潘家华，魏后凯. 城市蓝皮书 : 中国城市发展报告 NO.3(2010). 北京 : 社会科学文献出版社，2010.

［82］齐康，段进. 城市化进程与城市群空间分析 [J]. 城市规划汇刊，1997(1): 1–4+66.

［83］孙一飞. 城镇密集区的界定——以江苏省为例 [J]. 经济地理，1995(3): 36–40.

［84］陶松龄，甄富春. 长江三角洲城镇空间演化与上海大都市增长 [J]. 城市规划，2002, 26(2): 43–48.

［85］王丽，邓羽，牛文元. 城市群的界定与识别研究 [J]. 地理学报，2013, 68(8): 1059–1070.

［86］吴启焰. 城市密集区空间结构特征及演变机制——从城市群到大都市带 [J]. 人文地理，1999, 14(1): 11–15.

［87］王桂新，董春. 中国长三角地区人口迁移空间模式研究 [J]. 人口与经济，2006(3): 55–60.

［88］肖明，顾敏．高铁改变中国经济版图 [N]. 21 世纪经济报导，2009.

［89］徐永健，许学强，阎小培．中国典型都市连绵区形成机制初探——以珠江三角洲和长江三角洲为例 [J]. 人文地理，2000(2): 19–23.

［90］许学强，周春山．论珠江三角洲大都会区的形成 [J]. 城市问题，1994(3): 3–6.

［91］薛东前，王传胜．城市群演化的空间过程及土地利用优化配置 [J]. 地理科学进展，2002, 21(2): 95–102.

［92］薛凤旋，蔡建明．中国三大都会经济区的演变及其发展战略 [J]. 地理研究，2003, 22(5): 531–540.

［93］薛凤旋，郑艳婷．我国都会经济区的形成及其界定 [J]. 经济地理，2005, 25(6): 827–833.

［94］薛凤旋，郑艳婷．国际航空货运枢纽港：以航空物流为新竞争优势 [J]. 国际城市规划，2007, 22(1): 48–57.

［95］阎小培，郭建国，胡宇冰．穗港澳都市连绵区的形成机制研究 [J]. 地理研究，1997(2): 22–29.

［96］杨春．台资跨境生产网络的空间重组——电脑企业从珠三角到长三角的转移 [J]. 地理学报，2011, 66(10): 1343–1354.

［97］姚士谋．城市地理学发展动态 [J]. 地理科学，1991, 11(1): 60–66.

［98］姚士谋．中国城市群 [M]. 合肥：中国科学技术大学出版社，1992.

［99］姚士谋．我国城市群的特征，类型与空间布局 [J]. 城市问题，1992(1): 10–15.

［100］姚士谋，陈爽．长江三角洲地区城市空间演化趋势 [J]. 地理学报，1998, 65(1): 1–10.

［101］姚士谋，陈振光，朱英明．中国城市群 [M]. 合肥：中国科学技术大学出版社，2010.

［102］张京祥，吴缚龙．从行政区兼并到区域管治——长江三角洲的实证与思考 [J]. 城市规划，2004, 28(5): 25–30.

［103］张倩，胡云锋，刘纪远，等．基于交通、人口和经济的中国城市群识别[J]. 地理学报，2011, 66(6): 761–770.

［104］赵永革．论中国都市连绵区的形成、发展及意义 [J]. 地理与地理信息科学，1995(1): 15–22.

［105］赵勇，白永秀．城市群国内研究文献综述 [J]. 城市问题，2007(7): 6–11.

［106］郑艳婷，王韶菲，戴荔珠，等．长江中游地区制造业企业时空演化格局[J]. 经济地理，2018a, 38(5): 117–125.

［107］郑艳婷，王韶菲，许婉婷．长江中游地区制造业分布为何呈分散态势 ?[J]. 北京师范大学学报 (社会科学版)，2018b, 269(5): 136–148.

［108］郑艳婷，刘盛和，陈田．试论半城市化现象及其特征——以广东省东莞市为例 [J]. 地理研究，2003, 22(6): 760–768.

［109］周伟林．长三角城市群经济与空间的特征及其演化机制 [J]. 世界经济文汇，2005(4): 142 –146.

［110］周一星.中国的城市地理学：评价和展望 [J].人文地理，1991, 6(2): 54–58.

［111］周一星.城市地理学 [M].北京：商务印书馆，2010.

［112］周一星，史育龙.建立中国城市的实体地域概念 [J].地理学报，1995, 50(5): 17–25.

［113］周一星，杨焕彩.山东半岛城市群发展战略研究 [M].北京：中国工业出版社，2004.

［114］朱云汉.中国兴起与全球秩序重组 [J].经济导刊，2015(9): 21–27.